E. Bompiani (Ed.)

Problemi di geometria differenziale in grande

Lectures given at the
Centro Internazionale Matematico Estivo (C.I.M.E.),
held in Sestriere (Torino), Italy,
July 31-August 8, 1958

FONDAZIONE
CIME
ROBERTO CONTI

 Springer

C.I.M.E. Foundation
c/o Dipartimento di Matematica "U. Dini"
Viale Morgagni n. 67/a
50134 Firenze
Italy
cime@math.unifi.it

ISBN 978-3-642-10894-5   e-ISBN: 978-3-642-10895-2
DOI:10.1007/978-3-642-10895-2
Springer Heidelberg Dordrecht London New York

Printed on acid-free paper

Springer.com

CENTRO INTERNATIONALE MATEMATICO ESTIVO
(C.I.M.E)

Reprint of the 1st ed.- Sestriere, Italy, July 31-August 8, 1958

PROBLEMI DI GEOMETRIA DIFFERENZIALE IN GRANDE

CHAPTER I

DIFFERENTIABLE MANIFOLDS AND THEIR IMBEDDING

1. DIFFERENTIABLE MANIFOLDS. A differentiable manifold, X^n, is an astract object having the following properties :

(1) It is a topological manifold, covered with cpen sets U_i. It is usually assumed to be paracompact In most of these lectures we assume it to be compact

(2) There is a map : $\phi_i : U_i \to E^n$ for each U_i These establish coordinates in U_i.

(3) In overlapping open sets, i.e. in $U_i \cap U_j$, the corresponding coordinates are related by differentiable functions.

X^n is $C^{(r)}$ if these functions have r continous derivatives; C^∞ if all derivatives exist; C^ω if the functions are real analytic

2. IMBEDDINGS By virtue of a theorem of Whitney (Annals of Mathematics - 1936) X^n can be considered to be a subspace of a Euclidean space of sufficently high dimension. The theorem is :

THEOREM. Let X^n be a $C^{(r)}$ manifold ($1 \leqslant r \leqslant \infty$, not $r = \omega$). Then X^n is $C^{(r)}$ homeomorphic to an analytic submanifold of E^{2n+1}

If X^n carries a Riemann metric : $ds^2 = g_{ij}dx^i dx^j$, there are additional results for the case of C^ω manifolds. These are :

Bochner (Duke Journal 1937): If X^n is C^ω and compact and has an analytic Riemann metric, then X^n is C^ω homeomorphic with an analytic submanifold in E^{2n+1}.

Malgrange (Bull.Soc.Math.France 1957): Bochner's result for non-compact case.

Morrey (unpublished, 1958): If X^n is C^ω and compact, X^n is C^ω homeomorphic with an analytic submanifold in E^{2n+1}. The proof is based on the lemma :

1

Lemma (Morrey). With each point P of X^n are associated n functions ϕ_i (i = 1,...,n) wich are C^ω over X^n and have linearly indipendent gradients at P . This lemma is an important result in its own right.

Then $\phi_i(P)$ have independent gradients in N(P). Cover X^n with $N(P_i)$ i = 1...q . This gives ϕ_{ia}(i = 1...n, a = 1...q). Take these as coordinates in E^{nq}. This is an imbedding which is C^ω and locally one-to one. Hence it induces a C^ω Riemann metric. The result now follows from the above theorem of Bochner.

3. ISOMETRIC IMBEDDING. When X^n has a Riemann metric, we may further require that the given metric coincide with that induced by the imbedding, i.e. that the imbedding be isometric. The results are :

Janet (1926.) If X^n is C^ω, it can be locally imbedded with preservation of the metric in $E^{n(n+1)/2}$.

Nash-Kuiper (1955 - Annals of Mathematics) : If X^n is C^1 and compact, and if it can be differentiably imbedded in E^N (N $\geqslant$ n+1), then it has a C^1 isometric imbedding in E^N. This result is efficient regarding dimension, but is true only for C^1; the case of the torus in E^3 shows it to be false for C^2.

Nash (1956 - Annals of Mathematics). If X^n is $C^{(h)}$ (3 $\leqslant$ h $\leqslant \infty$) and is compact , it has an isometric $C^{(h)}$ imbedding in an Euclidean space of dimension (n/2)·(3n+11). When X^n is non-compact, the dimension required is $3n^3/2 + 7n^2 + 11n/2$. The cases of C^2 and C^ω are open.

4. RIGID IMBEDDING. If an isometric imbedding is unique to within motion in the euclidean space, it is said to be "rigid". Sufficient

conditions for rigid imbedding will be given later in this series of lectures.

5. NOTATIONS FOR IMBEDDED MANIFCLDS. Let X^n be imbedded in E^{n+N}

Local coordinates in E^{n+N} : y^α $(\alpha, \beta, \gamma = 1 \ldots n+N)$

Local coordinates in X^n . x^i $(i, j, k = 1 \ldots n)$

Also : $\rho, \sigma, \tau = n+1 \ldots n+N$.

The imbedding is given locally by the functions :

$$y^\alpha = f^\alpha(x^i) .$$

Then

(1) $\qquad dy^\alpha = (\partial f^\alpha / \partial x^i) dx^i$.

These are a base for the tangent vectors to X^n, and so any tangent vector is a linear combination of the dx^i.

It will be convenient to choose an orthonormal base for the tangent vectors, e_i^α , such that

$$\sum_\alpha e_i^\alpha e_j^\alpha = \delta_{ij} .$$

In this notation α represents the Euclidean component of the vector, and i enumerates the vector. Then

(2) $\qquad dy^\alpha = \phi^i e_i^\alpha$)

where

$$\phi^i = \sum_\alpha dy^\alpha e_i^\alpha = \sum_\alpha (\partial f^\alpha / \partial x^i) dx^j e_i^\alpha.$$

Thus ϕ^i is a linear differential form

In particular

(3) $\qquad ds^2 = \sum_\alpha dy^\alpha dy^\alpha = \sum \phi^i \phi^i$

We also introduce an orthonormal frame of normal vectors e_σ^α such that

$$\Sigma_a \ e_i^a \ e_\sigma^a \ = \ 0 \qquad , \qquad \Sigma_a \ e_\sigma^a \ e_\rho^a = \delta_{\sigma\rho} \quad .$$

It follows at once that :

$$(4) \qquad \begin{cases} de_i = \omega_i^j \ e_j \ + \ \omega_i^\sigma \ e_\sigma \\[2mm] de_\sigma = \omega_\sigma^{j\cdot} \ e_j \ + \ \omega_\sigma^\rho \ e_\rho \quad , \end{cases}$$

where we have suppressed the upper index a ; and ω_i^j, ω_σ^j, and ω_σ^ρ are linear differential forms.

From the orthogonality of the chosen frames, we have seen that $\omega_i^j = -\omega_j^i \ ; \ \omega_i^\sigma = -\omega_\sigma^i \ ; \ \omega_\rho^\sigma = -\omega_\sigma^\rho$.

6. EQUATIONS OF STRUCTURE. These are the basic equations of own geometry. From (2) we derive

$$0 = ddy^a = d\phi^i \ e_i \ + \ de_i \wedge \phi^i$$

$$= d\phi^j \ e_j \ = \ \omega_i^j \wedge \phi^i e_j \ = \ \omega_i^\sigma \wedge \phi^i e_\sigma$$

$$= (d\phi^j = \omega_i^j \wedge \phi^i) \ e_j \ = \ (\omega_i^\sigma \wedge \phi^i) e_\sigma$$

Nence

$$(5): \qquad d\phi^j \ \dashv \ \omega_i^j \wedge \phi^{i\prime} = 0$$

$$\omega_i^\sigma \wedge \phi^i = 0 \quad .$$

By differentiating (4) and substituting back for de_i and de_σ from (4), we further derive :

$$(6) \qquad \begin{cases} d\omega_i^k + \omega_j^k \wedge \omega_i^j + \omega_\sigma^k \wedge \omega_i^\sigma = 0 \\[2mm] d\omega_i^\sigma + \omega_j^\sigma \wedge \omega_i^j + \omega_\rho^\sigma \wedge \omega_i^\rho = 0 \\[2mm] d\omega_\rho^\sigma + \omega_j^\sigma \wedge \omega_\rho^j + \omega_\tau^\sigma \wedge \omega_\rho^\tau = 0 \end{cases} \qquad .$$

7. CONSEQUENCES.

(a) Let us consider the second equation of (5) :

$$\omega_i^\sigma \wedge \phi^i = 0 \; .$$

Since ϕ^i are linearly independent :

$$\omega_i^\sigma = b_{ij}^\sigma \; \phi^j$$

Moreover $b_{ij}^\sigma = b_{ji}^\sigma$, since

$$0 = \omega_i^\sigma \wedge \phi^i = b_{ij}^\sigma \; \phi^j \wedge \phi^i .$$

The b_{ij}^σ are the coefficients of the *second fundamental form*.

(b) *Curvature*. Define

$$\Omega_j^i = -\omega_\sigma^i \wedge \omega_j^\sigma$$

$$= d\omega_j^i + \omega_k^i \wedge \omega_j^k$$

Then

$$\Omega_j^i = -\Omega_i^j$$

These are the curvature forms. They satisfay the further identities :

Ricci : $\quad \Omega_k^i \wedge \phi^k = 0$

Bianchi : $\quad \cdot \; d \; \Omega_j^i - \Omega_k^i \wedge \omega_j^k + \omega_k^i \wedge \Omega_j^k = 0$

(c) The ω_j^i are uniquely determined by ϕ^i, and hence also the Ω_j^i. Since ϕ^i give the metric, ω_j^i and Ω_j^i are called "intrinsic". By contrast ω_σ^i and ω_σ^ρ are not intrinsic.

Theorem : There exist unique ω_j^i which are skew-symmetric and satisfy

$$d\phi^j + \omega_i^j \wedge \phi^i = 0$$

(d) For a hypersurface there is only one second fundamental form

b_{ij}. Because of (6) the expressions $b_{ij}b_{kl} - b_{il}b_{kj}$ are uniquely determined by Ω^i_j, and hence are intrinsic.

Theorem : If rank $(b_{ij}) \geqslant 3$, the b_{ij} are uniquely determined to within sign; i.e. the imbedding is rigid (locally).

Proof : Put b_{ij} into the diagonal form

$$\begin{pmatrix} \lambda_1 & & & & \\ & \lambda_2 & & & \\ & & \lambda_3 & & \\ & & & \ddots & \\ & & & & \lambda_n \end{pmatrix}.$$

Then assume $\lambda_1 \neq 0$; $\lambda_2 \neq 0$; $\lambda_3 \neq 0$. Also $\lambda_i \lambda_j$ are known. So $\lambda_1^2 \lambda_2^2 \lambda_3^2$ is known; since $\lambda_2 \lambda_3 \neq 0$, λ_1 is known to within sign. From $\lambda_1 \lambda_i$ all other λ_i are determined.

This theorem is due to Beeg (1895). A generalisation for $X^n \subset E^{n+N}$ $(N > 1)$ is included in my thesis (Amer.Jour.Math.1939)

CHAPTER II

THE THEOREM OF GAUSS-BONNET

1. ELEMENTARY CASES.

(a). The simplest form of the G.B. theorem is the familiar formula for the angle sum for a plane triangle. For later purposes con-consider the following proof Draw the auter normals to the edges at the vertices, and thus form the *outer angles* a_1, a_2, a_3. From an interior point draw normals to the edges and form angles β_1, β_2, β_3. Clearly $a_i = \beta_i$; $\Sigma\beta_i = 2\pi$. So $\Sigma a_i = 2\pi$.

(b). If the triangle has sides which are differentiable curves, the formula becomes

$$\Sigma a_i + \Sigma_i \int_{C_i} k \, ds = 2\pi \quad .$$

If C is a simple closed curve, this simplifies to

$$\int_C k \, ds = 2\pi \quad .$$

The proof is not elementary and is due to H. Hopf.

(c). If the triangle is on a sphere, with great circle boundaires, we have this familiar formula

$$\Sigma\gamma_i - \pi = \frac{area}{r^2} \, ,$$

where γ_i are the interior angles : $\gamma_i = \pi - a_i$. Hence

$$\Sigma a_i + \frac{area}{r^2} = 2\pi \quad .$$

(d) If the edges are differentiables curves, the formula becomes

$$\Sigma a_i + \Sigma \int_{c_i} K_g ds + \frac{area}{r^2} = 2\pi \quad ,$$

where K_g is the geodesic curvature.

(e). Finally for an arbitrary triangle on a surface :

(1) $$\Sigma a_i + \Sigma \int_{c_i} K_g ds + \iint_R K_\tau dA = 2\pi \quad ,$$

where K_τ is the gaussian curvature, dA the element of area, and R the interior of the triangle.

I call this (1) the *Gauss-Bonnet theorem for a poliedron* (really a triangle here!).

2. THE G.B. THEOREM FOR A COMPACT SURFACE.

Let X^2 be a compact differentiable manifold of 2 dimension. There exists a differentiable triangulation. Apply (1) to each triangle and sum. Then :

$$\Sigma a_i = 2\pi(E - V) \qquad \qquad V = \text{no. of vertices}$$

$$\Sigma \int K_g ds = 0 \qquad \qquad E = \text{no. of edges}$$

$$\Sigma \iint K_\tau dA = \iint K_\tau dA \qquad \qquad F = \text{no. of fades}$$

$$\Sigma 2\pi = 2\pi . F \qquad ,$$

Then

$$2\pi(E-V) + \iint K_\tau dA = 2\pi . F$$

or

$$\iint_X K_\tau dA = 2\pi(V-E+F) = 2\pi \chi$$

where χ is the Euler-Poincaré characteristic. Or better

(7) $$\iint K_\tau dA = \frac{Q^2}{2} \chi \quad ,$$

where O^2 is the surface area of a unit 2-sphere.

3. THE INDEX THEOREM FOR A UNIT VECTOR FIELD.

On X^2 (compact) consider a unit vector field, u, which is continous and differentiable except possibly a finite number of points P. Such vector fields can always be defined. We now discuss the *index* of the singularity of u at a singular point P.

Consider a neighbourhood of P, say R, which is bounded by a differentiable curve C . On R choose a differentiable frame : e_1, e_2. At a point, Q, on C we can write :

$$u = u^1 e_1 + u^2 e_2$$

where $u^1 u^1 + u^2 u^2 = 1$.

Let ϕ be the positive angle from e_1 to u. Then

$$d\phi = u^1 du^2 - u^2 du^1.$$

It is evident that $\int_c d\phi = 2\pi . I$ where I is some integer.

In order to put our espression for $d\phi$ in a form invariant with respect to the choice of the frame, we define

$$Du^i = du^i + u^j \omega^i_j$$

Then $Du = u^1 Du^2 - u^2 Du^1$ is invariant.

At once we have :

$$d\phi = Du + \omega^1_2$$

Hence

$$2\pi I = \int_c d\phi = \int_c Du + \int_c \omega^1_2 \quad .$$

However

$$d\omega^1_2 = \Omega^1_2$$

and so

$$2\pi I = \int_c Du + \iint_R \Omega^1_2$$

9

Also $\Omega_2^1 = K_T dA$; so we have

(3) $\qquad \int_C Du + \iint_R K_T dA = 2\pi . I$.

A direct calculation shows that

$$d(Du) = - K_T dA .$$

Thus from the theorem of Stokes, I does not depend on C, as long as C encloses a single singularity P. Hence we call I the *index of the singularity of u at P ;*

Let us now consider all of
X. Surround each P_i with a C_i,
whose interior is R_i. Then from
Stokes we have

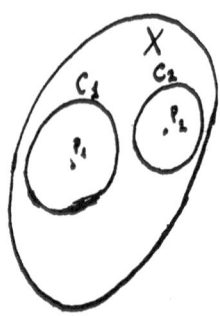

$$\Sigma \int_{C_i} Du = \iint_{X-\Sigma R_i} K_T dA \quad ;$$

also from (3)

(4) $\qquad \Sigma \int_{C_i} Du + \Sigma \iint_{R_i} K_T dA = 2\pi . \Sigma I$.

Combining these two equations gives us :

(5) $\qquad \iint_X K_T dA = 2\pi . \Sigma I$

This shows that ΣI is independent of the vector field u . Also from (2) $\Sigma I = \chi$.

We may proceed in the opposite direction. By a simple example we show that $\Sigma I = \chi$. Then from (4) - with a modification to handle discontinuities of u on C like outer angles - we prove (1). This is the best proof of (1). Also directly from (5) we can derive (3). This proves all our results.

4. THE G.-B. THEOREM FOR A COMPACT IMBEDDED SURFACE.

Let X be compact and be imbedded in E^3. As before we choose a local frame such that e_1 and e_2 are tangent to X^2 and e_3 is the outer normal. Then the Gauss map :

$$F : X^2 \to S^2$$

(where S^2 is the unit 2-sphere in E^3) is defined by the normal vector field e_3. From a theorem of Kronecker (see Hadamard, Appendix to vol.2, Tannery "theorie des Functions") the degree D of this map (an integer) is given by the formula :

$$D = \tfrac{1}{4\pi} \iint_{X^2} \det (b_{ij}) dA \quad,$$

or

$$D = \tfrac{1}{4\pi} \iint_{X^2} K_\tau dA \quad.$$

From a theorem of H.Hopf (Math Annalen 1925, pp.340-367) ·

$$D = \frac{\chi}{2} \quad.$$

Therefore we have another proof of (2), namely :

$$\iint_{X^2} K_\tau dA = 2\pi \chi.$$

The above assumes, of course, that X^2 is differentiable ($C^{(3)}$ is enough). The situation changes if X^2 is a polyedron with curved faces and edges. In the most elementary case, let X^2 be a rectilinear tetrahedron - what should the theorem be? It will clearly be a generalization of the angle-sum theorem for a triangle.

To obtain this, we proceed for the triangle. We draw outer normals to the three faces at each vertex. There three normals are the edges of a trihedral angle, which can be measured as a solid angle (the total solid angle at a point is chosen to be 4π). Call these solid angles a_1 . Then the proof given for a triangle shows

11

that

$$\Sigma a_i = 4\pi \ ,$$

Since $\chi = 2$ for the surface of a tetrahedron this is consistent with (2) above.

If the polyhedron has curved edges and faces, the formula becomes :

(6) $$\Sigma a_i + \Sigma \int_{E_i} \lambda ds + \Sigma \int\int_{F_i} K_T dA = 4\pi \ ,$$

where λ depends in a way which will not be discussed here on the outer dihedral angle at each point of the corresponding edge. Formula (6) is important for another reason - it is the polyhedral G.-B. formula in a space of dimension 3 . It remains unchanged even when the polyhedron lies in a general X^3- there is *no integral* over the interior of the polyhedron. This is markedly different from the case of two dimensions, and is characteristic of odd dimensions of higher dimension.

5. THE GENERAL CASE OF THE G.-B. THEOREM.

We have seen that there are three approaches to the G.-B. theorem for a compact manifold :

(a) Derive the polyhedral G.B. Theorem for dimension n. Triangulate X^n, and apply the polyhedral formula to each simplex , add up and use various combinatorial relationships.

(b) Derive the formula for the index at a singularity of a unit vector field on X^n, prove by a simple example as above that $\Sigma I = \chi$ and thus establish G.B..

(c) Imbed X^n in some euclidean space, and use the results of Hopf and Kroneoker regarding the degree of the normal map to prove the theorem.

Before discussing these methods of proof, we should first try

12

to guess the form of the result to be proved. We proceed on the assumption that X is a hypersurface. We wish to find an appropriate generalization for K . It is most reasonable to define $_7$
K_τ = det. (b_{ij}), since this is the expression suggested by the Gaussian map. Remember that second order minors of (b_{ij}) are intrinsic. Hence for n even, the Laplace expansion of det(b_{ij}) gives us the following intrinsic expression for $K_\tau dV$:

$$\dot{K}_\tau dV = \frac{\epsilon_{f_s \cdots i_n}}{2^{(n/2)}(n/2)!} \, \Omega_{i_2}^{i_1} \wedge \cdots \wedge \Omega_{i_n}^{i_{n-1}} \quad (n \text{ even}),$$

where dV is the volume element of X^n.

Since this expression is intrinsic, it makes sense even if X^n is not a hypersurface - so we adopt it in general. This leads us to the conjecture :

(7) $$\int_{X_n} \dot{K}_\tau dV = \frac{O^n}{2} \chi \quad (n \text{ even})$$

When n is odd, we are in a little difficulty. The det(b_{ij}) cannot be expressed intrinsically, and other considerations (which appear later) suggest that for n odd we define K_τ = 0 . Since χ ≡ 0 for an odd dimensional compact manifold, we have (7) trivially verified for n odd as well. I shall return to the question of n odd a little later.

Let us now discuss various methods for proving (7).

(a) The polyhedral formula of G.B. for X^n was proved by Allendoerfer-Weil (Trans.Am.Math.Soc. 1943). The formula for the integrands for the faces of various dimensions, and the methods of combining outer angles of various dimensions when the polyhedra are added together are much too complicated to present there. Readers must be referred to the paper mentioned above.

(b) On X^n (n even or odd) define a unit vector field u which is continuous except at a finite number of points, P_i. To define the index of u at P, proceed as above. Choose a differentiable (n-1)-sphere S in X^n such that P lies in its interior R (a cell) In R choose a continuous frame $e_1 \dots e_n$. Then we wish to find an (n-1)-form depending on u, ω_j^i and Ω_j^i such that :

$$d\pi = - \frac{K}{\tau} \, dV \qquad \qquad \text{except at P} \left. \begin{array}{c} \\ \\ \end{array} \right\} \; n \text{ even.}$$

$$\int_{S^{n-1}} \pi + \int_R \frac{K}{\tau} dV = \frac{O^n}{2} . I$$

π will then be analogous to the form Du used before. The expression for π is very complicated and is given by Chern (Annals of Math 1944, p.747). This expression also appears (but not explicitly) in Allendoerfer-Weil and is discussed further in Allendoerfer (Bull.Am Math.Soc.1948).

For n odd, we have the formulas :

$$d\pi = 0$$

$$\int_{S^{n-1}} \pi = \frac{O^n}{2} . I \quad .$$

Proceeding as described for n=2 , we then derive :

$$\int_{X^n} \frac{K}{\tau} dV = \frac{O^n}{2} \Sigma I \; , \qquad n \text{ even}$$

$$0 = \Sigma I \quad , \qquad n \text{ odd} \quad .$$

Thus ΣI does not depend on u. A special example shows that in each case $\Sigma I = \chi$. Hence (7) is proved.

(c) When X^n can be imbedded as a hypersurface, the result (7) follows as for n=2 from the results of Kronecker and Hopf. The problem there is the case where X^n is imbedded in E^{n+N} (N > 1). This problem was solved independently by Allendoerfer (Am.Journ of Math.1940) and Fenchel (J.London Math.Soc.1940).

We assume n even and N odd - the latter being no restriction.

At each point of X^n construct the S^{N-1} (unit sphere) in the normal space. The points on all these S^{N-1} lie on a "tube", T, which is a hypersurface in E^{n+N}. A calculation shows that

$$(K_\tau dV)_T = \det(t^\sigma b^\sigma_{ij}) dS dV_{X^n} \quad ,$$

where t^σ are local coordinates in the normal space and dS is the volume element of S^{N-1}. Therefore :

$$\int_{X^n} \int_{S^{N-1}} \det(t^\sigma b^\sigma_{ij}) dS dV_{X^n} = \frac{0^{n+N-1}}{2} \chi \ (\text{tube}) \cdot$$

The integration over S^{N-1} can be carried through explicitly (see H. Weyl - Am. Journ. of Math. 1939, although the results are actually due to Killing). The result is :

$$\int_{X^n} K_\tau(X^n) dV(X^n) = \frac{0^n}{2} \frac{\chi}{2} \ (\text{tube})$$

But χ (tube) = $2 \cdot \chi$ (X^n), so we arrive again at our result (7)

When this result was published, it seemed too cover a special class of X^n, namely those which could be imbedded in E^{n+N}. From the theorem of Nash it is now clear that this proof is valid in all generality..

6. RELATED RESULTS OF CHERN   (Chern-Lashof : Am. Journ. of Math. 1957).

Consider

$$K^* = \int_{S^{N-1}} |\det(t^\sigma b^\sigma_{ij})| \ dS \qquad \begin{array}{l} \text{n even or odd} \\ \chi \text{ compact } C^\infty \end{array} \ ,$$

and

$$J = \int_X K^* dV$$

The following theorems are proved :

(a) $J \geqslant 2.0^{n+N-1}$

(b) $\qquad$ $J < 3.0^{n+N-1}$, then X^n is homeomorphic to an n-sphere.

(c) If $J = 2\ 0^{n+N-1}$, the X lies in an E^{n+1} and is a convex hypersurface in E^{n+1}. The converse is also true.

These theorems generalise results of Milnor and others for a closed curve in E^2;

(a) $\qquad$ $\int |K|\ ds \geqslant 2\pi$

(b) If $\int |K|\ ds < 4\pi$, the curve is not knotted

(c) If $\int |K|\ ds = 2\pi$, convex plane curve.

7. RELATED RESULTS OF MILNOR.

Let X^n (n odd) be a compact hypersurface in E^{n+1}. Then X^n is the boundary of a region R. The theorem of Hopf (Math. Ann. -1926) shows that

$$\frac{1}{0^n} \int \det(b_{ij})\, dV = \chi'(R)$$

where $\chi'(R)$ is the inner characteristic of R.

Milnor (Comm. Math, Helv. -1956) showed that

$$\chi'(R) \equiv \chi^*(X^n)\ \text{mod}\ 2$$

where χ^* is the semi-characteristic

$$\chi^* = \beta_0 - \beta_1 + \ldots \pm \beta_k \qquad n = 2k+1$$

$$= \frac{1}{2}\ [\beta_0 + \beta_1 + \ldots + \beta_k]$$

where β_i are the Betti numbers. Hence

$$\frac{1}{0^n} \int_{X^n} \det(b_{ij})\ dV \equiv \chi^*(X^n) \qquad \text{mod}\ 2$$

Milnor has further results on "immersions". His results have been generalized for non-hypersurfaces by Kervaire (Math. Ann. -1956).

8. FINAL REMARKS.

(a) Refer back to the formula :

$$\frac{1}{2\pi} [\int_C Du + \iint_R K_\tau dA] = I \; ; \; d \, Du = - \, K_\tau dA \; .$$

This appears to violate Stokes theorem which would have required the left side to be zero. The reason it is not a contradiction; is that Du is singular at a point P in R. Nevertheless dDu is regular everywhere in R. This gives a clue which we shall exploit later to derive integers out of pairs of differential forms.

(b) "For those who understand fiber bundles" : The form π above really belongs to the tangent bundle, and is regular there. $d\pi = - K_\tau dA$ is the inverse of a form on X with respect to the projection map p. The pair $(\pi, K_\tau dA)$ are called "transgressive".

CHAPTER III

INTEGRALS OF DIFFERENTIAL FORMS

1. First we recall some elementary notions : Let ω be an r-form on X^n.

      If $d\omega = 0$, ω is "closed"

      If $\omega = da$, ω is "derived".

Since $dd\omega = 0$, a derived form is closed.

Poincaré Lemma : If $d\omega = 0$, then locally there exist a such that $da = \omega$. The maxime region in which a exist will be specified later

    Theorem : If ω^n is derived on a compact X^n, then $\int_{X^n} \omega^n = 0$.

    For suppose $\omega^n = d\ a^{n-1}$. Then by Stokes $\int_{X^n} \omega^n = \int_{\partial X^n} a^{n-1}$ But ∂X^n is zero.

2. INTEGRAL FORMULAS ON X^n.

The above theorem permits us to derive many formulas involving integrals on X^n. We give a simple example.

Theorem (Minkowski), Let X^2 be a convex surface in E^3. Then $\int (H+pK)dA = 0$, where p is the support function of the tangent plane.

Take e_1 and e_2 as tangent vectors and e_3 as the outer normal. Define x to be the position vector of a point on X^2.

Define a linear form θ by the scalar triple product :

$$\theta = [x,\ e_3,\ de_3]$$

Then

$$d\theta = [dx, e_3, de_3] = [x de_3, de_3] + \underline{0} .$$

A direct calculation shows that

$$d\theta = 2(H+pK)dA .$$

19

Since $d\theta$ is derived, $\int_X d\theta = 0$. Hence the theorem follows.

For the problem of Minkowski discussed in his lectures by Calabi, a similar method (Chern, Amer. Jour. Math. 1957) shows the unicity of the solution for the case of $X^2 \subset E^3$. Since the only analysis required is the theorem of Stokes, this result requires only weak conditions on the differentiability of the functions involved. This result can be integrated as a unicity theorem for a certain system of partial differential equations which was previously known only for the analytical case. This system of equations is important in hydrodynamics and Stokes has used this method of differential geometry to derive important unicity theorems of this kind in applied mathematics.

3. THE THEOREM OF DE RHAM.

Let c_r be a smooth (i.e. C^∞, singular) chain in a compact X^n. Let ω^r be a C^∞ form in X^n. Then $\int_{c_r} \omega^r$ defines a smooth cochain, f. The coboundary of f, ∂f, is an $r+1$ cochain such that

$$\partial f \cdot c_{r+1} = f \cdot \partial c_{r+1} \quad .$$

Hence

$$\partial f \cdot c_{r+1} = \int_{c_{r+1}} d\omega^{r+1} \; .$$

Theorem : If ω is closed, $f = \int_{c_r} \omega^r$ is a cocycle.

For in this case $\partial f = 0$.

Further, if $\omega^r = da^{r-1}$, then

$$g \cdot c_{r-1} = \int_{c_{r-1}} a^{r-1}$$

and

$$\partial g \cdot c_r = g \cdot \partial c_r = \int_{\partial c_r} a^{r-1} = \int_{c_r} \omega^r = f \cdot c_r \; .$$

Hence

$$\partial g = f \; .$$

Theorem : If ω is derived, then $f = \int_{c_r} \omega^r$ is a coboundary.

Also there is the theorem (see Whitney, Geometric Integration for proof)

Theorem : If $f = \int_{c_p} a^p$; $g = \int_{c_g} \beta^q$, then the cup-product

$$f \cup g = \int_{c_{p+q}} a^p \wedge \beta^q .$$

Let $H(X,R)$ be the cohomology algebra derived from the smooth forms whose respective differences are derived. For each ω define the singular cochain $h\omega$ by

$$h.\omega.c = \int_c \omega ,$$

Then the above argument may be summarized by the statement: h induces a homomorphism h on cohomology classes

$$h^{\#} : H(X,R) \to H(X,R)$$

The theorem of de Rham states that $h^{\#}$ is an algebraic isomorphism of $H(X,R)$ onto the singular cohomology algebra (cup-product) $H(X,R)$ of X.

De Rham stated the theorem somewhat differently. Consider the homology with integral coefficients in X. Then for dimension r there is a set of r-cycles $z_1 \ldots z_p$ which form a homology basis for the space of r cycles. Given an r-form ω^r, the integrals $\int_{z_i} \omega^r$ are called the fundamental periods of ω . De Rham stated :

(1) If $d\omega = 0$, and if its fundamental periods are all zero, then ω is derived.

(2) Given a set of fundamental periods there exists a closed form ω which realises these periods.

The theorem of De Rham is the fundation of much subsequent work on connections between geometry and topology. It has, however, a fundamental weakness!.i.e. it refers only the cohomology with real coefficients. In other words using differential forms

it permits us to describe that portion of the homology of X which
does not involve torsion. The really interesting geometric homology, however, is that of homology with integral coefficients -
involving torsion. It is the object of the next lecture to describe my approach to a generalization of de Rham theorem which han-
dles this situation.

CHAPTER IV

COHOMOLOGY WITH INTEGRAL COEFFICIENTS

This chapter is based on the paper "On the Cohomology of smooth manifolds" Allendoerfer-Eells; Comm.Math.Helv.1958.

In our proof of the formula for the index of the singularity of a vector field, we have already seen the basic index, which indeed gave rise to this theory, namely :

In order to get an integer in terms of the integrals of differential forms, we can (and indeed must) use *singular* differential forms. We will use a pair of such forms (θ, ω) such that, where they are regular, $d\omega = \theta$, and $\int_c \theta - \int_{\partial c} \omega = I$. We begin with a very simple example of such a pair. In the plane let

$$\omega = \frac{1}{2\pi} \frac{xdy - ydx}{x^2 + y^2} \quad .$$

Then ω is regular except at the origin; and where it is regular, $d\omega = 0$. Moreover

$$\int_c \omega = \begin{cases} 0 \text{ if } C \text{ does not include } O \text{ .} \\ \pm 1 \text{ if } C \text{ includes } O, \text{ the sign} \\ \text{depending of the orientation} \\ \text{of } C. \end{cases}$$

As an elementary example (to fix the ideas), let us to consider the integral cohomology of a compact X^2. We triangulate X^2 into simplices $\sigma_1 \ldots \sigma_p$, and define a 2-dimensional cochain by prescribing the values (integers) $\alpha_i = f.\sigma_i$. We wish to show how f can be realized by differential forms.

Consider a simplex σ and neighbourhoods $\quad U_1$, U_2, and U_2

$$\sigma \; U_1 \subset U_2 \subset U_3 \quad .$$

Define coordinates x, y in U_3 so that $0 \in \sigma$. Then define

$$\bar{\omega} = \cdot \frac{1}{2\pi} \frac{x dy^3 - y dx}{x^2 + y^2} \qquad \text{on } U_3 .$$

We need to extend its domain of definition over all X^2. To do so we use the standard "bump function" ϕ :

ϕ is C^∞ of U_3 and $\quad = \begin{cases} 1 \text{ on } U_1 \\ 0 \text{ on } U_3 - U_2 \end{cases}$.

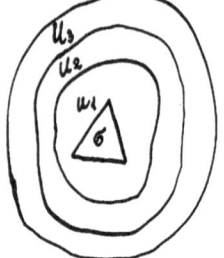

Define

$$\omega = \begin{cases} \phi\bar{\omega} & \text{on } U_3 \\ 0 & \text{on } X - U_3 \end{cases} .$$

Then ω is C^∞ on $X - 0$ and singular at 0. Also define $d\omega = \theta$, which is in fact C^∞ on X, since at 0 θ can be taken to be zero.

Then

$$\int_\sigma \theta - \int_{\partial\sigma} \omega = 1 ,$$

But for any other simplex of the triangulation, ρ :

$$\int_\rho \theta - \int_{\partial\rho} \omega = 0 .$$

In this way define a pair (θ_i, ω_i) for each simplex σ_i. Let the preassigned cochain have the integral values $a_i = f \cdot \sigma_i$. Then define

$$\tilde{\theta} = \Sigma_i a_i \theta_i , \qquad \tilde{\omega} = \Sigma_i a_i \omega_i .$$

The pair $(\tilde{\theta}, \tilde{\omega})$ then realizes the cochain f in the sense that

$$\int_{\sigma_i} \tilde{\theta} - \int_{\partial\sigma_i} \tilde{\omega} = a_i$$

2. THE GENERAL CASE.

This some method clearly works for n-dimensional cochains in X^n, where we choose

$$\bar{\omega} = -\frac{1}{o^n} \sum_{i=1}^{n} (-1)^{i \mp 1} x_i (x_1^2 + \ldots + x_n^2)^{-n/2} dx_1 \wedge \ldots \wedge dx_i \wedge \qquad \wedge dx_n .$$

For cochains of dimension r ($1 \leqslant r < n$), we must modify this construction. Let B^{n-r} be the unit ball in E^{n-r}. Let be C the ellipsoid :

$$4x_1^2 + \ldots + 4x_r^2 + x_{r+1}^2 + \ldots + x_n^2 \leqslant 1 .$$

Let D : $\{x; |x| \geqslant 1\}$

Let C' = C $- \partial B^{n-r}$

D' = D $- \partial B^{n-r}$.

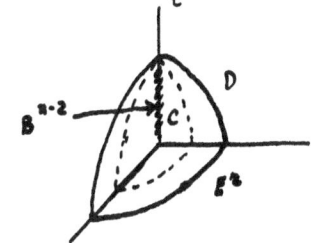

These are disjoint sets in $E^n - \partial B^{n-r}$. There exist a "bump function" ϕ in $E^n - \partial B^{n-r}$ such that

1) ϕ is C^∞ in $E^n - B^{n-r}$

2) $0 \leqslant \phi \leqslant 1$

3) $\phi = \begin{cases} 0 \text{ in s'} \\ 1 \text{ in o'} \end{cases}$

Define $\bar{\omega}^{r-1}$ as above in $E^r - 0$. Let $\pi : E^n \to E^r$ (the vertical projection). Then $\pi^{\#} \bar{\omega}^{r-1}$ is a closed form on $E^- - E^{n-r}$. Let

$$\omega^{r-1} = \begin{cases} \phi \, \pi^{\#} \bar{\omega} & \text{in } E^n - E^{n-r} \\ 0 & \text{in } E^{n-r}, \text{if } |x| > 1 . \end{cases}$$

Hence smooth in $E^n - B^{n-r}$

$$\theta^r = \begin{cases} d\omega & \text{in } E^n - B^{n-r} \\ 0 & \text{in } E^{n-r}, \text{if } |x| > 1 . \end{cases}$$

Hence smooth in $E^n - \partial B^{n-r}$. Then

$$\int_\sigma \theta - \int_{\partial \sigma} \omega = \begin{cases} 0 \text{ if } \sigma \text{ does not intersect } B^{n-r} \\ \pm \text{ otherwise} . \end{cases}$$

From pairs of forms of this kind we can build a pair $(\vartheta, \tilde{\omega})$, representing a given r-cochain by the method explained above.

3. SYSTEMATIC DISCUSSION.

We now begin a systematic treatment of such pairs. Let (θ^r, ω^{r-1}) be a pair of forms on X^n such that :

(1) θ^r is smooth except on a singular set $e(\theta)$ which lies on a smooth, locally finite polyhedron of dimension $\leq n-r-1$.

(2) ω^r is smooth except on a singular set $e(\omega)$ which lies on a smooth, locally finite polyhedron of dimension $\leq n-r$. [We require that $e(\theta)$ to be a closed subset of $e(\omega)$].

Define : a chain c is admissible for the pair (θ, ω), if

$$|c| \cap e(\theta) = \emptyset \; ; \; |\partial c| \cap e(\omega) = \emptyset$$

Define : $R [(\theta, \omega), c] = \int_c \theta - \int_{\partial c} \omega$ called the "residue".

We then further require that

(3) $R[(\theta, \omega), c]$ be an integer for every admissible chain c

Then (θ, ω) are called a (Z, r) pair (Z standing for the integers).

Remark. Instead of the integers Z , we can consider any integral subdomain of the reals A, in particular Z_2, or Z_p. Then we have (A, r) pairs. The theory to follow still holds, but for simplicity in exposition we consider only Z

We shall need the following deformation theorem :

If c_t $(0 \leq t \leq 1)$ is a smooth deformation of c_0 which is admissible for (θ, ω), then

$$R[(\theta, \omega), c_0] = R[(\theta, \omega), c_1].$$

Now we wish to construct a cohomology algebra of our pairs (θ, ω)

Define :

$$(\theta_1, \omega_1) + (\theta_2, \omega_2) = (\theta_1 + \theta_2, \omega_1 + \omega_2) \; ,$$

where :

$$e(\theta_1 + \theta_2) = e(\theta_1) \cup e(\theta_2)$$

$$e(\omega_1 + \omega_2) = e(\omega_1) \cup e(\omega_2)$$

$$a(\theta, \omega) = (a\theta, a\omega) \quad \text{for} \quad a \in Z .$$

Unfortunately these do not form a Z-module, fot the inverse of (θ, ω) is not defined if $e(\omega) \neq \emptyset$.

To get around this difficulty we introduce the equivalence classes :

$$(\theta_1, \omega_1) \sim (\theta_2, \omega_2) \quad \text{if}$$

$$R[(\theta_1, \omega_1), c] = R[(\theta_2, \omega_2), c] ,$$

for all c admissible for both pairs. This is an equivalence relation : symmetry and reflexivity are trivial. The transitivity requires the above deformation theorem.

Denote such an equivalence class by $[\theta, \omega]$. These do form a Z-module.

For the differential operator we define .

$$d[\theta, \omega] = [0, \theta] \quad . \text{ Then } \quad dd = 0 .$$

To introduce products we consider $[\theta_1 \wedge \theta_2, \ \omega_1 \wedge \theta_2]$ with singularities

$$e(\theta_1 \wedge \theta_2) = e(\theta_1) \cup e(\theta_2)$$

$$e(\omega_1 \wedge \theta_2) = e(\omega_1) \cup e(\theta_2) \quad .$$

The dimensions of these singularities are larger than that allowed by our definition of a(Z,r) pair above. We can deal with this problem either by considering improper integrals for chains which intersect the singularities or by reducing the dimensions of the singularities by local deformations of the forms. We omit the details.

In summary we now have a cohomology algebra of classes of $[\theta,\omega]$, which we write $H(X,Z)$.

We can now state the basic theorem :

There is an isomorphism : $H(X,Z) \leftrightarrow H(X,Z)$.

The proof is a slight modification of the modern proof of de Rham's theorem using sheaves(see the book of Hirzebruch). This requires the proof of a Poincaré lemma :

If $d[\theta,\omega] = 0$, then locally there exists a $[\eta,\xi]$ such that $[\theta,\omega] = d \ [\eta,\xi]$

This can be proved by the standard deformation argument, but the position of the singularities must be watched closely. It is at this point that we need the hypothesis that the singularities lie on polyhedra.

3. REFORMULATION. We can reformulate the theorem in another way. Let us recall that for the integral homology of X there are two kinds of fundamental cycles :

(1) The ordinary cycles : $\partial c = 0$.

(2) The cycles mod p : chains c such that $\partial c = m.c'$, where m is an integer. These are "cycles mod m".

We can find a base of the homology of a given dimension in X of the form :

$$c_1^{(0)} \ldots \quad c_\beta^{(0)} \quad c_1^{(\tau_i)} \ldots \ldots c_{a_i}^{(\tau_i)} \quad (1 \leqslant i \leqslant k),$$

where $c_j^{(0)}$ are ordinary cycles and $c_j^{(\tau_i)}$ are cycles mod τ_i . Further an integral cochain is uniquely determined if we know its values (integers) on each of these chains. We call the integrals of a pair $[\theta,\omega]$ over the chains its *fundamental periods*. Hence the theorem can be stated :

(1) If $d[\theta,\omega] = 0$, and if all its fundamental periods are zero, then $[\theta,\omega]$ is derived.

(2) Given a set of fundamental periods there is a closed $[\theta,\omega]$ whose integrals have the prescribed values.

4. THE THEOREM USING A TRIANGULATION. When we triangulate X, the theorem has other interesting aspects. Let K denote the complex of the triangulation and K^{*} the dual complex. Then we choose the singularities of θ and φ to lie on K^{*}.

Let $C^{r}(K,Z)$ be the module of classes of pairs $[\theta,\omega]$ and $C^{r}(K,Z)$ the module of simplicial cochains of K with integral coefficients.

Theorem : Then the map $h : C^{r}(K,A) \to C^{r}(K,A)$ defined by

$$h([\theta,\omega]) \; c = \int_{c} \theta - \int_{\partial c} \omega$$

is an isomorphism onto, satisfying $dh = -hd$. It is an isomorphism since if the residues of (θ,ω) are all zero, $[\theta,\omega] = 0$; it is onto from the argument (construction) given in §2 above.

Also $\quad dh.c_{r+1} = h.\partial c_{r+1} = \int_{\partial c_{r+1}} \theta$

and $\quad hd.c_{r+1} = h[0,\theta].c_{r+1} = -\int_{\partial c_{r+1}} \theta$

Therefore h induces an isomorphism of $H^{r}(K,Z) \leftrightarrow H^{r}(K,Z) \simeq H^{r}(X,Z)$.

Corollaries :

I. Every cohomology class of $H^{r}(K,Z)$ has a representative (θ,ω) with θ defined (regular) and closed on X .

This θ is the form given by the de Rham theorem for a cohomology class having integral periods on ordinary cycles. The form ω gives us the opportunity of determining its values on the chains which are cycles mod p .

2. Any smooth closed r-form on X is derivable from a smooth (r-1)-form with singularities lying on an (n-r)-cycle.

5. THE CASE OF A RIEMANN METRIC. Suppose that our X^n is a smooth (or analytic) compact manifold, carrying a smooth (or analytic) Riemann structure. Using a technique due to de Rham we can introduce "Green's forms", which are symmetric double forms $g_r(x,y)$ for $x \neq y$, satisfying :

$$d_x g_r(x,y) = \delta_y g_{r+1}(x,y) \cdot$$

By an argument similar to that of de Rham (see the paper for details) we prove :

Theorem : Every cohomology class of $H^r(X,Z)$ can be represented by a (Z,r)-pair (θ,ω) such that θ is harmonic on X; moreover θ is *unique* in its cohomology class

This theorem is, then, a generalization of Hodge's theorem. It suggests that the methods of Hodge can be adapted to use this theorem to obtain information on the torsion of algebraic varieties

CHAPTER V

PONTRJAGIN CLASSES ON X^n

1. TANGENT CLASSES.

We recall that Ω_j^i as defined earlier are defined in each coordinate neighborhood. They are not global forms, but certain combinations of them are global - we call these *invariant forms*.

We have already seen one example of an invariant form :

$$\epsilon_{i_1 \ldots i_n} \, \Omega_{i_2}^{i_1} \wedge \ldots \wedge \Omega_{i_n}^{i_{n-1}}$$

This is an invariant under proper orthogonal transformations of the underlying frame and hence is well-defined on an orientable manifold.

Other examples are :

$$\Delta_{4k} = \Omega_{i_2}^{i_1} \wedge \Omega_{i_3}^{i_2} \wedge \ldots \wedge \Omega_{i_1}^{i_{2k}} \qquad 4k \leqslant n$$

$$= T_r(\Omega \wedge \Omega \wedge \ldots \wedge \Omega)$$

$$2k \text{ factors}$$

(The trace of a product of an odd number of Ω is identically zero). Δ_{4k} is a form of degree $4k$, having the properties :

(1) It is invariant under change of frame, and hence is globally defined.

(2) $\quad d(\Delta_{4k}) = 0$.

This is a consequence of Bianchi's identity. Hence Δ_{4k} represents a cohomology class with real coefficients.

(3) This cohomology class is independent of the metric, and indeed of the connection (A. Weil). Hence it depends only on the differential structure of X .

(4) Its values on a set of fundamental cycles of X are integers

(Pontrjagin).

(5) Considered as forms in the bundle of tangent frames, Δ_{4k} are derived (Weil).

If the bundle of frames has a cross-section, i.e. X^n is parallelisable, this cohomology class is zero.

These classes are called the tangent Pontrjagin Characteristic classes of X^n. Similar classes can be defined for any bundle on X^n.

2. THE NORMAL CLASSES. We recall the equations of structure of $X^n \subset E^{n+N}$:

$$d\omega_i^k + \omega_j^k \wedge \omega_i^j + \omega_\sigma^k \wedge \omega_i^\sigma \neq 0$$

$$d\omega_i^\sigma + \omega_j^\sigma \wedge \omega_i^j + \omega_\rho^\sigma \wedge \omega_i^\rho = 0$$

$$d\omega_\rho^\sigma + \omega_j^\sigma \wedge \omega_\rho^j + \omega_\tau^\sigma \wedge \omega_\rho^\tau = 0$$

where

$$\Omega_i^k = - \omega_\sigma^k \wedge \omega_i^\sigma \quad .$$

We define the "normal curvature" Ω_ρ^σ :

$$\Omega_\rho^\sigma = d\omega_\rho^\sigma + \omega_\tau^\sigma \wedge \omega_\rho^\tau = - \omega_j^\sigma \wedge \omega_\rho^j \quad .$$

This satisfies the Bianchi identity. In terms of these forms we can also define forms invariant under orthogonal transformations in the normal space.

Consider first $X^n \subset E^{2n}$ (n even). Then we can form

$$\Omega = \frac{\epsilon_{\sigma_1 \ldots \sigma_n} \Omega_{\sigma_2}^{\sigma_1} \wedge \ldots \wedge \Omega_{\sigma_n}^{\sigma_{n-1}}}{2^{n/2} (n/2)!} \quad .$$

A proof identical to that for G.B. shows that

$$\frac{1}{O^n} \int_{X^n} \Omega = \Sigma I$$

where I are new the indices of the singularities of a unit normal
vector field. This invariant is called the Whitney invariant; it
appears to depend upon the imbedding. If $\Sigma I = 0$, there exists a
global field of normals to X^n.

For $X^n \subset E^{n+N}$, we can also define the normal Pontrjagin classes by means of the invariant forms :

$$\tilde{\Delta}_{4k} = \Omega^{\sigma_1}_{\sigma_2} \wedge \Omega^{\sigma_2}_{\sigma_3} \wedge \ldots \wedge \Omega^{\sigma_{2k}}_{\sigma_1} \qquad\qquad 4k \leqslant N .$$

These are also closed and hence define cohomology classes. They
are invariants of the differential structure of X^n as a result of
the theorem (proof by Kobayashi) :

Theorem :

$$\Delta_{4k} + \tilde{\Delta}_{4k} = 0 .$$

Proof : since

$$\Delta_{4k} = \omega^{i_1}_{\sigma_1} \wedge \omega^{\sigma_1}_{i_2} \wedge \omega^{i_2}_{\sigma_2} \wedge \omega^{\sigma_2}_{i_2} \wedge \ldots \wedge \omega^{i_{2k}}_{\sigma_{2k}} \wedge \omega^{\sigma_{2k}}_{i_{2k}} .$$

Since

$$\Omega^{\sigma}_{\rho} = - \omega^{\sigma}_{j} \wedge \omega^{j}_{\rho}$$

$$\tilde{\Delta}_{4k} = \omega^{\sigma_1}_{i_1} \wedge \omega^{i_1}_{\sigma_2} \wedge \omega^{\sigma_2}_{i_3} \wedge \ldots \wedge \omega^{i_{2k-1}}_{\sigma_{2k}} \wedge \omega^{\sigma_{2k}}_{i_{2k}} =$$

$$= -\omega^{i_{2k}}_{\sigma_1} \wedge \omega^{\sigma_1}_{i_1} \wedge \omega^{i_1}_{\sigma_2} \wedge \omega^{\sigma_2}_{i_3} \wedge \ldots \wedge \omega^{i_{2k-1}}_{\sigma_{2k}} \wedge \omega^{\sigma_{2k}}_{i_{2k}} =$$

$$= - \Delta_{4k} .$$

CHAPTER VI

STIEFEL-WHITNEY CLASSES

1. INTRODUCTION.

This chapter is based upon an unpublished manuscript "A generalization of the Gauss-Bonnet Theorem" by James Eells which is itself an extension of my own paper (Annals of Math. 1950).

The Stiefel-Whitney classes $W^r(X)$ are cohomology classes of X with coefficients (mod 2 if r is even and < n, integers otherwise) for $1 \leqslant r < n$. By the theory of chapter IV there should be forms (θ, ω) which represent them. The purpose of this chapter is to derive such a pair of forms.

We assume that X has a Riemann metric. For every r we define the r-th Gauss curvature form $\Omega^{(r)}$ and the r-th geodesic curvature form $\Phi^{(r)}$. These are smooth forms on the bundle $S_{n-r}(X)$ of orthonormal (n-r)-frames on X .

Take any smooth (n-r+1)-frame, $f_{r-1}(X) = (x, e_1 \cdots e_{n-r+1})$ which is smooth except for a smooth (n-r)-polyhedron $e(f_{r-1})$. Let f_r be a smooth extension $(x, e_1 \cdots e_{n-r})$ defined on X except for a smooth (n-r+1)-subpolyhedron of $e(f_{r-1})$. Then $(f_r^* \Omega^{(r)}, f_{r-1}^* \Phi^{(r-1)})$ is a (Z, r) pair on X and

$$w^r \cdot c = \int_c f_r^* \Omega^{(r)} - \int_{\partial c} f_{r-1}^* \Phi^{r-1} \ .$$

The above is a congruence mod 2 when r is even and < n. For r = n, it is in fact our previous formula for the index of a unit vector field on X^n.

2. BASIC DEFINITIONS. We proceed to the definition of $\Omega^{(r)}$ and $\Phi(r)$.

Let E^{n+N} be Euclidean space with a fixed orthonormal frame

$e_1 \cdots e_{n+N}$.

Let $V^r_{n+N,n}$ denote the pairs (X,f), where X is an oriented m-plane through O in E^{n+N} and f is an $(n-r)$-frame at O in X.

Note that $V^n_{n+N,n}$ is the Grassmann space $G_{n+N,n}$ and $V^1_{n+N,n}$ is the Stiefel manifold of n-frames at O in $E^{n+N} = V_{n+N,n}$.

Then we have the coset maps :

$$V_{n+N} = V^1_{n+N,n} \to \ldots \to V^r_{n+N,n} \to \ldots \to V^n_{n+N,n} = G_{n+N,n} .$$

Each map $V_{n+N,n} \to G_{n+N,n}$ is an associated bundle of the principal bundle

$$V_{n+N,n} \to G_{n+N,n}$$

with fibre $V_{n,n-r}$.

Define ω^i_j to be the Maurer-Cartan forms for E^{n+N}; namely let u be an orthogonal matrix in E^{n+N}, then $\omega^i_j = -\omega^j_i$ is the matrix $\omega = u^{-1}du$.

Define :

$$\Omega^{i(r)}_j = -\sum_{k=r+1}^{n+N} \omega^i_r \wedge \omega^k_j \qquad i,j = 1 \ldots n.$$

Then :

$$\Omega^{(r)} = \lambda(r) \, \Sigma \epsilon_{i_1 \ldots i_r} \, \Omega^{i_1(r)}_1 \wedge \ldots \wedge \Omega^{i_{r-1}(r)}_{i_r}) \quad \text{for } r \text{ even}$$

$$= 0 \quad \text{for } r \text{ odd,}$$

where $\lambda(r)$ is a constant depending only on r.

Theorem : $\Omega^{(r)}$ is a R^{n+N} invariant form on $V^r_{n+N,n}$.

Next we define $\Phi^{(r-1)}$ to be invariant on $V^{r-1}_{n+N,n}$ and such that

$$d\Phi^{(r-1)} = \Omega^{(r)}$$

The expression for $\Phi^{(r-1)}$ is far too complicated to present here - it is a generalization of the form π, mentioned earlier in the proof of the G-B theorem.

36

Summary : The invariant forms $\Omega^{(r)}, \Phi^{(r-1)}$ constitute a transgressive pair in the $(r-1)$-sphere bundle

$$V^{r-1}_{n+N,n} \rightarrow V^r_{n+N,n} \, .$$

3: THE UNIVERSAL STIEFEL-WHITNEY CLASSES.

Consider the Grassmann space $G_{n+N,n}$ and the Schubert cell decomposition into varieties $(a_1 \ldots a_n)$. Each $(a_1 \ldots a_n)$ is the closure of the union of two oriented cells $(a_1 \ldots a_n)^{\pm}$. These symbols also stand for the cochain which is $+1$ on $(a_1 \ldots a_n)^{\pm}$, and zero on all other cells. For each $r(1 < r \leqslant n)$ let

$$w_r = (0 \ldots 0 \underbrace{1 \ldots 1}_{r})^+ - (0 \ldots 0 \underbrace{1 \ldots 1}_{r})$$

and ω^r the corresponding cochain.

ω^r is a cocycle if r is odd or $r = n$

is a cocycle mod 2 if r is even, $\neq n$.

On $G_{n+N,n}$ define the singular maps

$$F_p : G_{n+N,n} \rightarrow V^p_{n+N,n} \qquad p=r \, , \; r-1 \, ,$$

with singularities on the dual complex K^+ of G (For such a construction see Chern, Annals 1946) .

Let

$$\omega = F_r^* \, \Omega^{(r)} \quad ; \quad \phi = F_{r-1}^* \, \Phi^{(r-1)}$$

Then (ω, Φ) is a (Z,r) pair on $G_{n+N,n}$ such that for any integral r-chain, a_r, of K we have :

$$w^r \cdot a_r = \int_{a_r} \omega - \int_{\partial a_r} \Phi \qquad .$$

Proof by direct calculation.

Theorem : The cohomology class with Z (Z_2) coefficients of the
pair (ω, ϕ) corresponds to the r-th universal Stiefel-Whitney
class.

4. THE TANGENT CLASSES

Suppose $X^n \subset E^{n+N}$

Let $T : X \to G_{n+N, n}$ be the tangent map, defined by letting
$T(x)$ be that oriented n-plane in $G_{n+N, n}$ which is parallel to the
tangent space to X at x . The tangent classes of X are those induced by T^*.

We obtain the desired theorem by the composition

$$f_p = T \circ \mathring{f}_p .$$

and finally write on X^n :

$$w^r \circ = \int_0 f_r^* \, \Omega^{(r)} - \oint_0 f_{t-1}^* \, \Phi^{(r-1)}$$

There are similar results for the normal classes using the normal
curvature forms defined in V .

CENTRO INTERNAZIONALE MATEMATICO ESTIVO

(C.I.M.E.)

P.LIBERMANN

PSEUDO-GROUPES INFINITESIMAUX

ROMA - Istituto Matematico dell'Università - 1958

PSEUDO-GROUPES INFINITESIMAUX

par

Paulette Libermann

1. INTRODUCTION.

Cet exposé comprend d'abord un rappel d'un certain nombre
de notions classiques en Géometrie Différentielle : les variétés
différentiables, les espaces fibrés sont définis à l'aide des
pseudogroupes de transformations, ce qui est le point de vue de
C.Ehresmann; la notion de jet infinitésimal permet en particulier
de définir celle de vecteur tangent à une variété et de différentielle d'une fonction numérique; j'indique le lien entre la théorie de C.Ehresmann et celle de C.Chevalley. La notion de jet local et d'espace étalé permet de définir les faiseaux qui ont é-
té introduits par H.Cartan. Je ne rappelle que très brièvement
la définition des G-structures et des connexions infinitésimales
et je renvoie à de nombreux travaux où cette théorie est exposée
(C.Ehresmann, S.Chern, A.Lichnerowicz).

J'aborde ensuite la définition des pseudogroupes infinitésimaux et des faisceaux d'algèbres de Lie associés. J'expose cer-
tains des résultats que j'ai obtenus dans cette théorie où j'u-
tilise notamment l'opérateur "dérivée de Lie". Je démontre en
particulier le théorème suivant dû à C.Ehresmann (et démontré
par celui-ci en utilisant d'autres méthodes) : le groupe des automorphismes d'une G-structure telle que le choix de la torsion
détermine la connexion affine associée est un groupe de Lie; ce
théorème était déjà démontré dans un certain nombre de cas particuliers : $G = O_n$, U_n etc.

P.Libermann

2. NOTION DE VARIETE'DIFFERENTIABLE

Pour toute application f d'un ensemble U sur f(U), les ensembles U et f(U) seront, appelés respectivement *source* et *but*
de f . Etant donnés trois ensembles E,E',E",f une application
de source U $\subset$ V , de but V $\subset$ E',f' une application de source
U'$\subset$ E', de but V'$\subset$ E", le composé de f et f' est l'application
f'f : x $\rightarrow$ f'(f(x)) dont la source (éventuellement vide) est l'i-
mage réciproque par f de V $\cap$ U'.

Un *pseudogroupe de transformations* Γ dans un espace topologique E est un ensemble de transformations vérifiant les axiomes
suivants :

1) tout $\varphi \in \Gamma$ est une application biunivoque dont la source et le
but appartiennent à ϕ (où ϕ est l'ensemble des ouverts d'une topologie sur E, appelée topologie sous-jacente à Γ).

2) Si U = $\bigcup_i$ U$_i$, pour qu'une application biunivoque f de source U,
de but f (U)$\subset$ E, appartienne à Γ, il faut et il suffit que sa restriction à chaque U$_i$ appartienne à Γ .

3) Si f $\in \Gamma$, alors f$^{-1} \in \Gamma$; si f, f'$\in \Gamma$, alors f'f $\in \Gamma$.

4) L'application identique de E appartient à Γ .

Remarquons que si toutes les applications f $\in \Gamma$ ont pour
source E', on a alors un groupe de transformations.

Soient E et E' deux espaces topologiques et soit sur E un
pseudogroupe Γ . Une *carte locale* de E sur E' est homéomorphisme
f dont la source U est un ouvert de E. Au couple (f$_1$,f$_2$) de deux
cartes locales f$_1$ et f$_2$ de E sur E' est associé l'automorphisme
local φ_{12} de E (ou *changement de carte locale*) tel que f$_1$(x) =
f$_2$(x') soit équivalent à x' = φ_{21} (x) c'est-à-dire : φ_{21} = (f$_2$)$^{-1}$f$_1$.
Un ensemble de cartes locales dont les buts recouvrent E' est un
atlas de E sur E'. Cet atlas est dit *compatible avec* Γ si les
changements de cartes locales appartiennent à Γ . On démontre

[11],[14] que tout atlas A de E sur E' compatible avec Γ est
contenu dans un atlas complet A' compatible avec Γ (c'est-à-dire
A' est identique à tout atlas compatible avec Γ et contenant A').

Une variété topologique V_n, de dimension n, est un espace
topologique séparé tel qu'il existe un atlas de l'espace numérique R^n sur V_n, compatible avec le pseudogroupe Λ_n de ses automorphismes locaux (on suppose R^n muni de sa topologie canonique
c'est-à-dire telle que les ouverts de R^n soient les sous-ensem-
bles U de R^n vérifiant la condition : tout $x \in U$ est le centre
d'une boule ouverte contenue dans U). A toute carte locale est
associé un système de *coordonées locales* $(x^1,...,x^n)$ et les changements de cartes locales s'expriment par les équations :

(1) $\qquad\qquad y^i = f^i(1,..,n) \qquad\qquad (i = 1,...,n),$

le jacobien $\left|\dfrac{\partial y^i}{\partial x^j}\right|$ étant différent de O.

Une variété V_n est dite *différentiable*, de classe C^r, s'il
existe un atlas de R^n sur V_n compatible avec le pseudogroupe Λ_n^r
des automorphismes locaux de classe C^r de R^n c'est-à-dire si dans
les équations (1) définissant les changements de coordonnées locales, les f^i sont des fonctions r fois continûment différentiables. On définit ainsi les variétés de classe C^∞ et C^ω (analytiques réelles). De même on définit les variétés analytiques complexes W_n par un atlas de l'espace numérique complexe C^n sur W_n
compatible avec le pseudogroupe des automorphismes locaux analytiques complexes de C^n; remarquons que W_n est muni d'une structure de variété analytique réelle de dimension 2n.

3. ESPACES FIBRES DIFFERENTIABLES A GROUPE STRUCTURAL DE LIE.

On ne donnera pas ici la définition la plus générale des e-

P.Libermann

spaces fibrés (voir par ex.[11],[12],[26],[7]) mais on ne considérera que des variétés munies d'une structure d'espace fibré à
groupe structural de Lie [11],[12].

Soient : B et F deux variétés différentiables, G un groupe
d'automorphisme de F tel que l'application (s,y) → sy de G$\times$F
dans F soit deux fois différentiable; le groupe G est alors muni
d'une structure de groupe de Lie. Considérons sur B$\times$F le pseudogroupe Γ_G des automorphismes des ouverts U$\times$F (où U est un ouvert quelconque de B) définis par : $(x,y) \to (x, s_x y)$ où $x \to s_x$ est
une application deux fois différentiables de U dans G.

Un *espace topologique* E est muni d'une <u>structure d'espace</u>
<u>fibré</u>, de *base* B, de **groupe structural** G, de *fibre type* F si les
conditions suivantes sont réalisées :

1) Il existe un recouvrement de B par des ouverts U_i (qui
seront appelés ouverts <u>distingués</u> pour la structure fibrée) et
une famille f_i de cartes locales, de sources $U_i \times F$, telles que
les buts $f_i(U_i \times F)$ recouvrent E.

2) Ces cartes locales constituent un *atlas complet* de B$\times$F
sur E compatible avec le pseudogroupe Γ_G défini précédemment.
En particulier l'espace produit B$\times$F est un espace fibré (appelé espace fibré *trivial*) de groupe structural réduit à l'identité.
On démontre que l'espace fibré E considéré précédemment est un
espace séparé [12]; en prenant les restrictions des f_i à des ouverts homéomorphes à $R^n \times R^p$ (où n = dim.B, p = dim.F), on vérifie
que E est *une variété différentiable de dimension* n + p .
De la définition de E, il résulte que le changement de cartes lo-
cales correspondant à f_i (de source $U_i \times F$) et f_j (de source $U_j \times F$),
c'est-à-dire l'automorphisme local : $(x',y') = f_i(f_j^{-1}(x,y))$ s'é-
crit .

$$(2) \qquad \begin{aligned} x' &= x \\ y' &= s_x^{ji} y \ , \end{aligned}$$

où $\quad x \in U_i \cap U_j \quad , \qquad y, y' \in F \qquad$ et $s_x^{ji} \in G$.

Les restrictions h_x^i et h_x^j de f_i et f_j à $\{x\} \times F$ sont des homéomorphismes de F sur des sous-espaces F_x^i et F_x^j de E, définis respectivement par $\quad y \to f_i(x,y) \quad , \quad y \to f_j(x,y)$.

On a :
$$f_j(x,y) = f_i(f_j)^{-1} f_j(x,y) = f_i(x, s_x^{ji} y) \text{ et } h_x^j = h_x^i s_x^{ji} ;$$
donc les sous-espaces F_x^i et F_x^j coïncident : *ce sous espace qui ne dépend que de x* et que l'on désignera par F_x sera appelé *fibré* au-dessus de x. Les *fibres*, qui sont des sous-variétés de dimension p de E, *forment une partition de* E et l'espace quotient de E par cette partition s'identifie à B; l'application p ainsi définie de E sur B telle que $\quad p^{-1}(\bar{x}) = F_x \quad$, est la projection canonique de E sur B.

Si h_x^i est un homéomorphisme de F sur F_i, l'ensemble des homéomorphismes de F sur F_x est : $H_x = h_x^i G$, d'après ce qui précède. Nous allons montrer que l'ensemble H de tous les H_x quand x parcourt V_n est un espace fibré appelé *espace fibré principal associé à* E ; en effet soit f_i une carte locale dans E, de source $U_i \times F$; considérons l'application $\bar{f}_i : (x,s) \to h_x^i s$ de $U_i \times G$ dans H ; la relation $h_x^i s = h_{x'}^j s'$ est équivalente à : $x = x'$, $s' = s_x^{ji} s$. On vérifie que les $\bar{f}_i$ forment un atlas complet de $B \times G$ sur H compatible avec le pseudogroupe Γ_{G_γ} où G_γ est le groupe des translations à gauche de G; donc H est un espace fibré différentiable de base B, fibre type F, groupe structural G_γ.

L'espace fibré E sera représenté par le symbole E(B,F,G,H) et H par le symbole $H(B,G,G_\gamma,H_1)$.

Plus généralement on désignera par espace fibré principal

P.Lbermann

tout espace fibré dont les fibres sont homéomorphes à un groupe
G et dont le groupe structural est le groupe des translations à
gauche de G; on démontre qu'un tel espace fibré est isomorphe à
l'espace fibré principal associé à un espace fibré.

Une _section_ dans un espace fibré E(B,F,G,H), de projection
p, est une application continue φ : B → E telle que pφ soit
l'identité. L'étude de l'existence de sections dans un espace fibré conduit à la théorie des _obstacles_ (voir des exemples dans [1]).

Une structure fibrée _subordonnée_ à la structure E(B,F,G,H)
est une structure fibrée E(B,F,G',H') où G' est un sous-groupe
de G; alors H' est un sous-espace de H. On démontre [11] que l'e-
xistence d'une telle structure subordonnée (problème de la _rédu-
ction_ du groupe structural dans la terminologie de Steenrod [26])
est équivalente à l'existence d'une section dans l'espace fibré
H/G', de base B, dont les fibres sont isomorphes à l'espace homogène G/G'.

On trouvera des exemples d'espaces fibrés dans la suite de
cet exposé.

4. ESPACES ETALES. FAISCEAUX.

Un espace topologique E' est dit étalé [14],[15] dans un e-
space topologique E s'il existe une application p de E' dans E
vérifiant la propriété : tout x'∈ E' possède un voisinage ouvert
U tel que la restriction de p à ce voisinage soit un homéomorphisme. L'ensemble des inverses des restrictions de p jouissant de
cette propriété forme un atlas complet de E sur E' compatible a-
vec le pseudogroupe Γ_o des applications identiques des ouverts
de E. Inversement soit un atlas complet de E sur E' compatible
avec le pseudogroupe Γ_o; si f_i et f_j sont deux cartes locales de

P.Libermann

buts U'_i et U'_j, dans $U'_i \cap U'_j$ les applications f_i^{-1} et f_j^{-1} coïncident, d'où une application bien déterminée de E' dans E dont la restriction à U'_i est $(f_i)^{-1}$. Donc *pour que E' soit étalé dans E, il faut et il suffit qu'il existe un atlas complet de E sur E' compatible avec le pseudogroupe des applications identiques des ouverts de E.*

Etant donnée une application continue f d'un ouvert U d'un espace topologique E dans un espace topologique E', on appelle <u>jet local</u> (ou <u>germe</u>) en x de f et on note $j_x^\lambda f$ (où $x \in U$) la classe des applications continues d'un ouvert de E dans E' qui coïncident avec f dans un voisinage ouvert de x ; on désignera source (resp.but) de $j_x^\lambda f$ le point x(resp.$f(x)$).

Soit $J^\lambda(E,E')$ l'ensemble de tous les jets locaux de E dans E'; soit f, de source $U \subset E$ une application continue dans E'; l'application $j^\lambda f : x \to j_x^\lambda f$ de U dans $J^\lambda(E,E')$ est une carte locale de E dans $J^\lambda(E,E')$; l'ensemble de ces cartes locales est un atlas de E sur $J^\lambda(E,E')$ compatible avec le pseudogroupe des applications identiques des ouverts de E car $j_x^\lambda f = j_{x'}^\lambda f'$ entraîne $x' = x$. Cet atlas transporte sur $J^\lambda(E,E')$ une topologie engendrée par les buts des cartes $j^\lambda f$: tout ouvert de $J^\lambda(E,E')$ est le but d'une carte locale ou une réunion de tels buts : <u>l'espace $J^\lambda(E,E')$, *muni de cette topologie, est étalé sur E par* l'application</u> a qui à tout $X \in J^\lambda(E,E')$ fait correspondre sa source. L'espace $J^\lambda(E,E')$ n'est pas séparé en general.

Soit L(E,E') une <u>classe locale</u> d'applications de E dans E' c'est-à-dire un ensemble d'applications d'ouverts de E dans E' vérifiant la condition : si $U = \bigcup_i U_i$, pour qu'une application continue de U dans E' appartienne à L(E,E'), il faut et il suffit que sa restriction à chaque ouvert de U_i appartienne à L(E,E').

P. Libermann

L'ensemble $\mathcal{E}$ des jets locaux correspondant à tous les $f \in L(E,L')$
est un espace étalé sur E : c'est un sous-ensemble ouvert de
$J^\lambda(E,E')$; si $f \in L(E,E')$ a pour source U, l'application $x \to j^\lambda_x f$
est une _section_ s de $\mathcal{E}$ au-dessus de U (c'est-à-dire une application continue de U dans $\mathcal{E}$ telle que αs soit l'application identique de .U); inversement soit s une section de $\mathcal{E}$ au-dessus d'un
ouvert $U \subset E$; l'application $g : x \to \beta s(x)$ (où β est l'application
de $J^\lambda(E,E')$ sur E' qui à tout jet local fait correspondre son
but) est une application continue de E dans E' dont la restriction
à un voisinage de chacun de ses points appartient à L(E,E') donc
$g \in L(E,E')$ et l'ensemble $\Gamma(\mathcal{E},U)$ des sections de $\mathcal{E}$ au-dessus de
U s'identifie à l'ensemble $L_U(E,E')$ des fonctions $f \in L(E,E')$ ayant
pour source U. L'espace étalé $\mathcal{E}$ est appelé un _faisceau_ lorsque
est muni d'une structure algébrique vérifiant les conditions suivantes :

1) pour chaque $x \in E$, l'image réciproque $\alpha^{-1}(x) = \mathcal{E}_x$ est muni d'une structure algébrique (les structures algébriques de tous
les $\mathcal{E}_x$ sont homologues).

2) les lois de composition interne et externe (non partout
définies) sur $\mathcal{E}$ déterminées par la structure algébrique des $\mathcal{E}_x$
sont continues.

Si $\mathcal{E}$ est un faisceau, alors l'ensemble $\Gamma(\mathcal{E},U)$ des sections
de $\mathcal{E}$ au-dessus de U est muni d'une structure algébrique homologue à celle des $\mathcal{E}_x$ et si $V \subset U$, il existe un homomorphisme de
$\Gamma(\mathcal{E},U)$ dans $\Gamma(\mathcal{E},V)$.

Considérons inversement une classe locale L(E,E') d'applications munie d'une structure algébrique définie par des lois de
composition interne et externe telles que pour toute loi interne
le composé $f \tau g$ soit défini dans l'intersection des sources de f

et g, pour toute loi externe le composé $\omega \perp f$ soit défini dans la
source de f; si l'on considère l'espace étalé $\mathcal{E}$ défini par les
jets locaux des $f \in L(E,E')$, chaque $\mathcal{E}_x$ est muni d'une structure
algébrique homologue et l'on vérifie que $\mathcal{E}$ est un faisceau; par
exemple à la loi de composition τ dans $L(E,E')$ correspond une loi
de composition interne $\dot\tau$ dans $\mathcal{E}$ définie par : $j_x^\lambda f \; \dot\tau \; j_x^\lambda g = j_x^\lambda(f\tau g)$.

$\underline{On}$ définit ainsi des faisceaux de groupes, d'anneaux, de mo-
dules, d'algèbres de Lie etc.

Exemples de faisceaux

1) Sur une variété différentiable, les germes de fonctions
numériques forment un faisceau d'anneaux.

2) Sur une variété analytique complexe les germes de fonctions
holomorphes (à valeurs complexes) forment également un faisceaux
d'anneaux (ce dernier faisceau est séparé): $\mathcal{E}_x$ s'identifie à
l'ensemble des séries entières convergentes au voisinage de x.

3) Si F est un espace muni d'une structure algébrique et E
un espace topologique, le produit $E \times F$ muni de la topologie produit de la topologie discrète sur F et de la topologie sur E est
un faisceau appelé $\underline{\text{faisceau constant}}$.

5. JETS INFINITESIMAUX. VECTEURS TANGENTS A UNE VARIETE [13],[15].

Soient V_n et V_m deux variétés de classe C^r et f une application d'un voisinage de $x \in V_n$ dans V_m. Si φ et φ' sont des
cartes locales sur V_n et V_m au voisinage de x et f(x), à f correspond l'application $\bar{f} = \varphi' f \varphi^{-1}$ d'un ouvert de R^n dans R^m; f
est dite de classe $C^p (p \leq r)$ si f s'exprime par les équations :
$y^i = f^i(x^1,..,x^n)$ (i = 1,...,m) où les f^i sont des fonctions de
classe C^p. On désigne par $\textit{jet infinitesimal d'ordre s}$ ou $\textit{s-jet}$
(s $\leq$ p) de l'application f, de $\underline{\text{source}}$ x, de $\underline{\text{but}}$ f(x) et on note

P.Libermann

$j_x^s f$ la classe de toutes les applications g d'un ouvert de V_n dans V_m dont la source contient x, vérifiant : $g(x) = f(x)$ et telles que $\bar{g}$ s'exprime à l'aide de fonctions g^i dont les dérivées partielles d'ordre $\le s$ prennent en x les mêmes valeurs que celles de même espèce des f^i. On vérifie que la notion de jet (ainsi que celle de classe de différentiabilité d'une application) est indépendante du système de coordonnées choisi.

Soient : f une application d'un ouvert de V_n dans V_m, h une application d'un ouvert de V_m dans une variété V_q. Les dérivées d'ordre s de l'application composée hf sont des polynomes par rapport aux dérivées d'ordre $\le s$ de h et f, d'où la loi de composition entre jets :

$$(3) \qquad j_x^s(hf) = (j_{f(x)}^s h)(j_x^s f).$$

Par exemple si f s'exprime par les équations : $y^i = f^i(x^1, .., x^n)$ et h par les équations : $z^j = h^j(y^1, ..., y^m)$, le jet $j_{x_0}^1 (hf)$ est défini par :

$$x_0^1, .., x_0^m, \; z_0^1, .., z_0^n, \; \left(\frac{\partial g^j}{\partial x^t}\right)_{x=x_0} = \Sigma \left(\frac{\partial h^j}{\partial y^i} \frac{\partial f^i}{\partial x^t}\right)_{x=x_0, y=y_0}.$$

On désignera par $J^s(V_n, V_m)$ la variété de tous les s-jets de V_n dans V_m. Soit $Z^s \in J^s(V_n, V_m)$, de source x, de but y et soit X^s (rsp. Y^s) un jet de $J^s(R^n, V_n)$ (resp. $J^s(R^m, V_m)$ de source 0, de but x (resp. y); X^s et Y^s sont supposés inversibles c'est-à-dire sont les jets d'applications biunivoques. Le jet $(Y^s)^{-1} Z^s X^s$ est un jet de source et but 0 appartenant à $J^s(R^n, R^m)$; il en résulte *un isomorphisme de l'ensemble des jets de $J^s(V_n, V_m)$ de même source x, de même but y sur l'ensemble $L_{m,n}^s$ des jets de $J^s(R^n, R^m)$ de source et but 0.* On peut en déduire une structure fibrée de $J^s(V_n, V_m)$ de base $V_n \times V_m$, dont les fibres sont isomorphes à $L_{m,n}^s$.

P.Libermann

On désignera par p^s-vitesse dans V_n, d'origine x un s-jet de R^p dans V_n, de source O, de but x. Il résulte de ce qui précède que l'ensemble des p^s-vitesses d'origine x est isomorphe a $L^s_{n,p}$.

En particulier un vecteur d'origine x sur V_n est un jet du premier ordre de R dans V_n, de source O, but x; l'ensemble des vecteurs d'origine x_n sur V_n est donc isomorphe à $L^1_{n,1}$ qui s'identifie à l'espace vectoriel R^n; en effet si f est une application d'un voisinage $U \subset R$ de O dans R^n définie par : $x^i = f^i(t)$ (i = 1,..,n), le vecteur $j^1_o f$ peut être représenté par : $x^i = a^i t$ (où $a^i = (\frac{\partial f^i}{\partial t})_{t=o}$); donc l'ensemble des vecteurs d'origine $x \in V_n$ est un espace vectoriel T_x (de dimension n) appelé espace tangent à V_n en x. Les a^i sont les composantes du vecteur relativement au système de coordonnées.

Sur V_n une n^s-vitesse inversible est un s-repère; en particulier l'ensemble des repères du premier ordre d'origine $x \in V_n$ est isomorphe au groupe L^1_n (ensemble des jets inversibles de $L^1_{n,n}$) qui n'est autre que le groupe linéaire homogène GL(n,R).

L'espace $T(V_n)$ des vecteurs tangents à V_n est un espace fibré de symbole (V_n, R^n, L^1_n, H) dont l'espace fibré principal associé est l'espace $H(V_n)$ de tous les repères sur V_n.

On désignera par p^s-covitesse dans V_n, d'origine x, un s-jet de V_n dans R^p, de source x, de but O. Pour p = s = 1 on a les covecteurs et pour p = n , s = 1, on a les corepères du 1er ordre (si le jet est supposé inversible).

Si X (resp.X') est un vecteur (resp.covecteur) d'origine x sur V_n, le jet composé X'X est un scalaire désigné par produit intérieur de X et X' et noté i(X)X' ou <X, X'> : l'espace T^*_x des covecteurs d'origine x est donc l'espace vectoriel dual de T_x.

La variété $T^*(V_n)$ des covecteurs de V_n est un espace fib. dont l'espace fibré principal associé est l'espace $H^*(V_n)$ des corepères de V_n.

La *différentielle* en x d'ordre s d'une application f de V_n dans R^p est la p^s-covitesse $d_x^s f = j_x^s(t_{f(x)} f)$ où $t_{f(x)}$ désigne la translation de R^p amenant f(x) en O. En particulier si f est une fonction numérique (application de V_n dans R), la différentielle $d_x^1 f$ (que l'on désignera par $d_x f$ est le jet : $j_x^1(t_{f(x)} f)$.

Soit $(x^1, \ldots, x^n)$ un système de coordonnées locales au voisinage de $x \in V_n$; le produit intérieur d'un vecteur X d'origine x, de composantes $X_1(x), \ldots, X_n(x)$ et de la différentielle $d_x f$ est:

$$(4) \qquad i(X)d_x f = \Sigma \left(\frac{\partial f}{\partial_x i} X^i \right)_x$$

Les différentielles $d_x x^1, \ldots, d_x x^n$ des fonctions $x^1, \ldots, x^n$ forment donc une base de T_x^* et l'on a :

$$(5) \qquad d_x f = \Sigma \frac{\partial f}{\partial x^i}(x) \, d_x x^i.$$

Le vecteur X , d'origine x, définit une application :
$f \to Xf = i(X)d_x f$ de l'ensemble des fonctions de classe C^1 (définies au voisinage de x) dans R; cette application est linéaire et vérifie : X(fg) = g(x)Xf + f(x)Xg. On retrouve la définition d'un vecteur tangent donnée par C.Chevalley [9] dans le cas analytique.

On définira un tenseur de type (p,q), d'origine x comme un élément du produit tensoriel : $\underbrace{T_x \otimes \ldots \otimes T_x}_{p \text{ facteurs}} \otimes \underbrace{T_x^* \otimes \ldots \otimes T_x^*}_{q \text{ facteurs}}$

L'ensemble $T^{(p,q)}(V_n)$ des tenseurs de type (p,q) sur V_n est un espace fibré [22]. On a : $T^{(1,0)}(V_n) = T(V_n)$; $T^{(0,1)}(V_n) = T^*(V_n)$.

On considérera en particulier les tenseurs covariants antisymétriques; un tenseur covariant antisymétrique d'ordre q est

une q-forme extérieure. On définit le produit extérieur d'une
p-forme θ_p et d'une q-forme θ_q de même origine x; c'est une
(p+q)-forme d'origine x .

(6) $\theta_{p+q} = \theta_p \wedge \theta_q = (-1)^{pq} \theta_q \wedge \theta_p$.

Ce produit étant distributif par rapport à l'addition définit
dans l'espace vectoriel des formes extérieures d'origine x une
algèbre appelée *algèbre extérieure* relativement à T_x^*. Pour plus
de détails voir Bourbaki [3], A Lichnerowicz [22] et la conféren-
ce de Allendoerfer [1].

La définition du produit intérieur s'étend aux formes extérieures : si X est un vecteur d'origine x, l'opérateur i(X) est
une application linéaire de l'espace vectoriel des p-formes d'o-
rigine x dans l'espace des (p-1)-formes d'origine x, définie par
la condition suivante : si θ est une p-forme décomposable
$\theta = a^1 \wedge \ldots \wedge a^p$ où les a^k sont des 1-formes, on a :

(7) $i(X)\theta \equiv \sum_{1 \leqslant k \leqslant p} (-1)^{k+1} \langle X, a^k \rangle a^1 \wedge \ldots \wedge \widehat{a^k} \wedge \ldots \wedge a^p$,

(le signe $\wedge$ signifiant que le terme situé au-dessous doit
être supprimé). On vérifie la relation . i(X)i(X) = 0.

Pour une définition plus générale du produit intérieur, voir
Bourbaki [3]

Soit p la projection canonique de $T(V_n)$ sur sa base V_n Toute application f d'un ouvert U de V_n dans V_m se prolonge en une
application f^I de $p^{-1}(U)$ dans $T(V_m)$ X étant un vecteur d'o-
rigine $x \in U$, $X' = f^I(X)$ est le jet composé $(j_x^1 f)X$; X' est
donc d'origine f(x), l'application f^I est la différentielle au
sens de C Chevalley [9]. De même f se prolonge en une application
f^* (transposée de f^I) d'un ouvert de $T^*(V_m)$ dans $T^*(V_n)$: pour
tout covecteur $\omega_{f(x)}$ d'origine f(x), $f^*(\omega_{f(x)}')$ est le covecteur:

$$\omega_x = \omega_{f(x)}^i \delta_x^1 f.$$

On définit de même le prolongement de f aux tenseurs de type quelconque, en particulier aux formes extérieures.

6. CHAMPS DE VECTEURS. FORMES DIFFERENTIELLES. OPERATEUR DERIVEE DE LIE.

Sur une variété V_n, un _champ de vecteurs_ X (ou *transformation infinitésimale*) est un relèvement continu $x \to X_x$ de V_n dans l'espace $T(V_n)$ des vecteurs tangents; c'est donc une section de l'espace fibré $T(V_n)$.

On définit de même un *champ de tenseurs* de type quelconque; en particulier une *p-forme différentielle extérieure* ω_p est une fonction continue : $x \to (\omega_p)_x$ où $(\omega_p)_x$ est une p-forme d'origine x. L'ensemble des formes différentielles extérieures sur V_n est muni d'une structure d'algèbre extérieure (on définit le produit extérieur de manière évidente). On définit le produit intérieur d'un champ de vecteurs X et d'une p-forme différentielle extérieure ω_p ; c'est la (p-1)-forme différentielle extérieure :

$$x \to i(X_x)(\omega_p)_x.$$

Pour les formes différentielles extérieures, on définit l'opérateur d (ou différentiation extérieure); voir Allendoerfer [1], Lichnerowicz [22], et cet opérateur jouit des propriétés :

1) d augmente le degré d'une unité

2) d est linéaire

3) $d(\omega_p \wedge \omega_q) = d\omega_p \wedge \omega_q + (-1)^p \omega_p \wedge d\omega_q$

4) $dd = o$.

Si f est une 0-forme (c'est-à-dire une fonction numérique), la forme df est la fonction continue : $x \to d_x f$ (où $d_x f$ est la différentielle en x de f définie dans §5). Si $x^1, \ldots, x^n$ sont des

P.Libermann

coordonnées locales au voisinage d'un point de V_n, df peut s é-
crire localement : $df = \Sigma \frac{\partial f}{\partial x^i} dx^i$.

On peut définir de même un *champ local de tenseurs* : c'est
un relèvement continu d'un ouvert U (appelé *source* du champ) dans
l'espace des tenseurs de type donné. En particulier on désignera
par transformation infinitésimale locale (ou plus brièvement
t.i.l.) un champ local de vecteurs.

On supposera dans la suite de cet exposé que tous les champs
et toutes les applications sont de classe C^∞ (beaucoup des résultats énoncés sont valables sous des hypothèses moins restrictives
une application biunivoque de classe C^∞ sera désignée par *difféomorphis*

Soit f un difféomorphisme de source $U \subset V_n$, but $f(U) \subset V_n$; f
transforme tout champ de vecteurs X de source W en une t.i.l. X'
(de source $f(U \cap W)$: $X' = f^I X f^{-1}$ (où f^I est le prolongement de
f aux vecteurs défini dans §5); toute forme différentielle ω est
transformée en une forme ω': $f(x) \to \omega_x (j^1_x f)^{-1}$; de même f se prolonge à tout autre champ local de tenseurs de type quelconque.

A tout champ de vecteurs X (que l'on suppose d'abord défini
globalement sur V_n) est associé *l'opérateur dérivée de Lie* $\theta(X)$
que l'on peut définir de la manière suivante : La solution du
système différentiel défini sur la variété V_n par le champ X
définit une application : $(x,t) \to f(x,t)$ de $V_n \times R$ dans V_n telle
que $f(x,o) = x$ et $(\frac{\partial f}{\partial t})_{t=o} = X_x$ quel que soit x . Pour t suffi-
samment voisin de O, chaque application f_t (définie par $f_t(x) =$
$= f(x,t)$) est un difféomorphisme et X définit un noyau de groupe de transformations à un paramètre (le champ sera dit intégrable si X définit un groupe, ce qui a lieu notamment pour tout
champ si V_n est compacte). Si T est un champ de tenseurs sur V_n,
il est transformé par f_t en T_t; par définition

P.Libermann

$$(8) \qquad \theta(X)T = (\frac{\partial T_t}{\partial t})_{t=o} \ ;$$

$\theta(X)T$ est un champ de tenseurs de même type que T. En particulier
on démontre (voir E.Cartan [4] et H.Cartan [5]) que l'on a :

$$(9) \qquad \theta(X)Y = -\theta(Y)X = [X,Y],$$

où $[X,Y]$ est le crochet des deux champs X et Y. Si au voisinage
d'un point X (resp. Y) a pour composantes X^i (resp. Y^i), $[X,Y]$ a
pour composantes $Z^i = \sum_j (X^i \frac{\partial Y^i}{\partial x^j} - Y^j \frac{\partial X^i}{\partial x^j})$.

De même pour une forme différentielle extérieure ω sur V_n
on démontre la relation :

$$(10) \qquad \theta(X)\omega = i(X)d\omega + di(X)\omega$$

(où $i(X)$ est l'opérateur produit intérieur).

L'opérateur $\theta(X)$ jouit des propriétés suivantes :

$$\theta(X)d = d\theta(X)$$
$$\theta[X,Y] = \theta(X)\theta(Y) - \theta(Y)\theta(X)$$
$$(11) \qquad i[X,Y] = \theta(X)i(Y) - i(Y)\theta(X)$$
$$\theta(\lambda X)\omega = \lambda\theta(X)\omega + (\theta(X)\lambda)\omega$$

où λ est une fonction numérique.
Pour toute fonction numérique f, on a $\theta(X)f = i(X)df$; en chaque
$x \in V_n$, $(i(X)df)_x$ n'est autre que $X_x f$ (voir §5); $(i(X)df)_x$ ne
dépend que du vecteur X_x alors que $[X,Y]_x$ et $(\theta(X)\omega)_x$ (où ω est
une forme de degré $\geqslant 1$) est fonction du jet $j_x^1 X$ du relèvement
X de V_n dans $T(V_n)$.

On définit de même l'opérateur dérivée de Lie pour les t.i.l.
X car X définit un noyau de groupe de transformations au voisinage de chaque point de sa source. Si X a pour source $U \subset V_n$,
pour un champ local de tenseurs T, de source U', $\theta(X)T$ a pour
source (éventuellement vide) $U \cap U'$. Soit X une t.i.l. sur V_n,

de source $U \ni x$. Le *jet local* $j_x^\lambda X$ du relèvement X de V_n dans
$T(V_n)$ sera appelé *germe de t.i.l.*; ce germe définit un germe de
groupe à un paramètre. On définit de même un germe de tenseur
de type quelconque. *Un germe en x de t.i.l. définit un opérateur*
dérivée de Lie pour les germes en x de tenseurs; par définition :

(12) $$\theta(j_x^\lambda X) j_x^\lambda T = j_x^\lambda (\theta(X)T)$$

où X et le champ de tenseurs T sont définis au voisinage de x.
On définit en particulier $\theta(j_x^\lambda X)(j_x^\lambda Y) = j_x^\lambda [X,Y]$ et $\theta(j_x^\lambda X)(\omega_x^\lambda) =$
$= j_x^\lambda (\theta(X)\omega)$.

Sur l'opérateur dérivée de Lie en calcul tensoriel classi-
que, voir K.Yano [27].

7. PSEUDOGROUPES INFINITESIMAUX. FAISCEAUX D'ALGEBRES DE LIE ASSOCIES [21].

DEFINITION 1 : ϕ étant l'ensemble des ouverts d'une topologie $\mathcal{C}$ sur V_n, on désignera par *pseudogroupe infinitésimal*, de
topologie sous-jacente $\mathcal{C}$ un ensemble E de t.i.l. vérifiant les
axiomes suivants :

1) tout $X \in E$ a pour source $U \in \phi$.

2) si X et X', de sources U et U' appartiennent à E, alors
le crochet [X,X'] et la t.i.l. $\rho X + \mu X'$ (quelles que soient les
constantes réelles ρ et μ), de source $U \cap U'$, (éventuellement vide), appartiennent à E

3) si $U = \bigcup_i U_i$, pour que la t.i.l. X, de source U, appartienne à E, il faut et il suffit que sa restriction à chaque
U_i appartienne à E.

L'ensemble des noyaux de groupes à un paramètre correspondant à tous les $X \in E$ engendre par composition et réunion un pseudogroupe P(E). Inversement soit Γ un pseudogroupe de transforma-

tions sur V_n ; on désignera par *pseudogroupe infinitésimal atta-ché à* Γ et l'on notera $\mathcal{Q}(\Gamma)$ le plus grand pseudogroupe infini-tésimal tel que $P(\mathcal{Q}(\Gamma)) \subset \Gamma$, en prenant pour Γ et $\mathcal{Q}(\Gamma)$ la même topologie sous-jacente.

Soit E un pseudogroupe infinitésimal et soit $J^\lambda(E)$ l'ensem-ble des germes de t.i.l. définis par tous les $X \in E$. L'espace $J^\lambda(E)$ est étalé sur E (cfr.§4); des axiomes précédents, il résulte que l'ensemble $J_x^\lambda(E)$ des germes de source x est une algèbre de Lie; la loi de composition $(X,Y) \to [X,Y]$ étant continue, $J^\lambda(E)$ *est un faisceau d'algèbres de Lie* que l'on désignera par *faisceau associé* à E. Si tout $X \in E$ est une t.i. globale, E est une algèbre de Lie $\mathfrak{h}$ et $J^\lambda(E)$ est le *faisceau constant* $V_n \times \mathfrak{h}$. Nous ne supposerons pas cette condition réalisée dans la suite. Le pseudogroupe infini-tésimal E sur V_n se prolonge en un pseudogroupe infinitésimal $E^{(p,q)}$ sur la variété $T^{(p,q)}(V_n)$ des tenseurs de type (p,q); en effet tout $X \in E$ définit un noyau de groupe de transformations f_t se prolongeant en transfor-mations $f_t^{(p,q)}$ sur $T^{(p,q)}(V_n)$ ce qui détermine une t.i.l. $X^{(p,q)}$ sur cette dernière variété; $X^{(p,q)}$ sera appelé prolongement de X. On vérifie que les prolongements de tous les $X \in E$ forment un pseudogroupe infinitésimal $E^{(p,q)}$ appelé *prolongement holoédri-que* de E; pour tout $x_{(p,q)} \in T^{(p,q)}(V_n)$ les algèbres de Lie $J_x^\lambda(E)$ et $J_{x(p,q)}^\lambda(E^{(p,q)})$ sont isomorphes (x est supposé la projection de $x_{(p,q)}$ sur V_n).

On peut définir de même le prolongement de E à $J^s(V_n,V_n)$, espace des s-jets de V_n dans V_n.

On désignera par $J^s(E)$ l'ensemble des s-jets des relèvements locaux de V_n dans $T(V_n)$ déterminés par tous les $X \in E$; de la définition de E, il résulte que pour tout $x \in V_n$, l'ensemble $J_x^s(E)$ de tous les jets de source x forme un <u>espace vectoriel</u> et

P.Libermann

cet espace est de <u>dimension finie</u> d_x; en effet $J_x^s(E)$ est un
sous-espace vectoriel de $\square_{x}^{s}(V_n)$, espace vectoriel des s-jets de
source x de tous les relèvements locaux de V_n dans $T(V_n)$ et
$\square_{x}^{s}(V_n)$ est de dimension finie: si $x^1,\ldots,x^n$ sont des coordonnées locales sur V_n dans un voisinage U de x, une t.i.l. X a pour
composantes $X^1(x^1,\ldots,x^n),\ldots, X^n(x^1,\ldots,x^n)$; le jet $j_x^s X$
est défini par les scalaires $(x^1,\ldots,x^n)_x$,

$$\left(\frac{\partial^{a_1 + \cdots + a_n} X}{(\partial x^1)^{a_1} \ldots (\partial x^n)^{a_n}} \right)_x \quad \text{avec} \quad a_1 + \ldots + a_n = \ell \, (\ell = 0, 1, \ldots, s).$$

Si $s' > s$, dim. $J_x^{s'}(E) \geq$ dim. $J_x^s(E)$ et par suite dim. $J_x^{\lambda}(E) \geq$
dim. $J_x^s(E)$.

L'espace vectoriel $J_x^s(E)$ n'est pas en général une algèbre
de Lie car le crochet définit une application de $J_x^s(E) \times J_x^s(E)$
dans $J_x^{s-1}(E)$: le jet $j_x^{s-1}[X,Y]$ est déterminé par les jets
$j_x^s X$ et $J_x^s Y$ puisque $[X,Y]$ a comme composantes $\Sigma(X^j \frac{\partial Y^i}{\partial x^j} - Y^j \frac{\partial X^i}{\partial x^j})$.

DEFINITION 2. Le pseudogroupe infinitésimal E est dit *complet d'ordre* q si E est l'ensemble des solutions de $J^q(E)$, q é-
tant le plus petit entier à jouir de cette propriété. Alors E
est l'ensemble des solutions de $J^{q'}(E)$ pour $q' > q$.

Au voisinage d'un point de V_n, $J^q(E)$ est l'ensemble des solutions d'un système Σ^q d'équations aux dérivées partielles d'ordre q, linéaire, homogène par rapport aux X^i et à leurs dérivées
partielles, les coefficients étant des fonctions C^∞ des coordonnées locales : le système Σ^q est *complètement intégrable* c'est-
à-dire à tout jet a^q determiné par Σ^q, correspond au moins une
solution de Σ^q. Si $s < q$, $J^s(E)$ est défini localement par un système Σ^s obtenu en supprimant dans Σ^q les équations d'ordre $>s$;
si $s > q$, $J^s(E)$ est défini localement par un système Σ^s obtenu

par dérivations totales successives des équations de Σ^q aux qu - les on ajoute éventuellement de nouvelles équations pour le ren_ dre complètement intégrable. En chaque point x, dim $J^s_x(E) =$ dim $\mathbf{G}^s_x(V_n) - \rho^s_x$ où ρ^s_x est le rang en x du système Σ^s considéré comme système linéaire; si ρ^s_x est indépendant de x, le pseudogrou_ pe infinitésimal est appelé *pseudogroupe infinitésimal de Lie* : $J^q(E)$ est alors une sous-variété de $\square^q(V_n)$ (espace des q-jets de tous les relèvements de V_n dans $T(V_n)$).

DEFINITION 3. Un pseudogroupe infinitésimal est dit de type fini, de degré r s'il existe un entier r tel que $J^r(E)$ soit iso_ morphe à $J^{r-1}(E)$ (et non à $J^{r-2}(E)$).

Si E est de type fini, de degré r, $J^r(E)$ est défini locale_ ment par un système Σ^r dans lequel (ainsi que dans ses prolonge_ ments), les dérivées d'ordre $r' \geq r$ s'expriment en fonction des dérivées d'ordre r-1; tout jet $a^{r-1} \in J^{r-1}(E)$ détermine donc un seul jet local de même source; ce jet local doit nécessairement appartenir à $J^\lambda(E)$; donc E *est complet d'ordre* $q \leqslant r-1$. De plus l'algèbre de Lie $J^\lambda_x(E)$ est isomorphe à $J^{r-1}_x(E)$ pour tout $x \in V_n$; $J^\lambda_x(E)$ est donc de dimension finie.

Inversement supposons qu'un pseudogroupe infinitésimal E soit tel qu'en chaque $x \in V_n$, dim $J^\lambda_x(E)$ soit un entier fini et borné m_x. Comme dim $J^s_x(E)$ croît avec s et que par suite dim $J^s_x(E) \leq$ dim $J^\lambda_x(E)$, il existe un entier r_x tel que dim $J^{s'}_x(E) =$ $=$ dim $J^{r_x-1}_x(E)$ pour $s' \geqslant r_x$. Le raisonnement précédent montre d'ail_ leurs que dim $J^{r_x-1}_x = \hat{m}_x$. En chaque x, les espaces vectoriels $J^{r_x}_x(E)$ et $J^{r_x-1}_x(E)$ étant de même dimension, sont isomorphes. Si $r = \underset{x \in V_n}{Max} r_x$ $J^r_x(E)$ est isomorphe à $J^{r-1}(E)$. D'où :
THEOREME 1.

Pour qu'un pseudogroupe infinitésimal E soit de type fini,

P.Libermann

il faut et il suffit qu'en tout $x \in V_n$, *l'algèbre de Lie* $J_x^{\lambda}(V_n)$ *soit de dimension finie et bornée.*

On désignera par dim.E, le nombre $d = \min\limits_{x \in V_n} \dim J_x^{\lambda}(E)$. Par exemple si E est une algèbre de Lie, le nombre d est la dimension au sens usuel de E.

Soit Γ un pseudogroupe de transformations sur V_n; nous dirons que Γ est de <u>type fini</u>, <u>de degré</u> r si son pseudogroupe infinitésimal attaché est de type fini, de degré r; par définition dim Γ = dim E, ce qui correspond à la définition usuelle si Γ est un groupe de Lie G.

Soient Γ un pseudogroupe de type fini, E son pseudogroupe infinitésimal attaché, $\mathcal{G}$ le plus grand groupe de transformations contenu dans Γ : l'ensemble g de tous les champs de vecteurs sur V_n qui définissent un groupe à un paramètre, sous-groupe de $\mathcal{G}$ est l'ensemble de toutes les t.i. $X \in E$ définies globalement et intégrables (cf.§6). L'algèbre de Lie $\mathcal{b}$ des t.i. $X \in E$ définies globalement (dont les germes en x forment une sous-algèbre de Lie de $J_x^{\lambda}(E)$) est de dimension finie puisque E, étant de type fini, dim. $J_x^{\lambda}(E)$ est finie. Or R.Palais a montré [25] que si $\mathcal{b}$ est de dimension finie, g en est une sous-algèbre de Lie et qu'alors $\mathcal{G}$ est un groupe de Lie.

Remarquons que : dim $g \leq$ dim $\mathcal{b} \leq$ dim E . On a donc le théorème suivant (généralisant un théorème dû à C.Ehresmann [16]·):

THEOREME 2.

Si un pseudogroupe Γ *est de type fini, alors le groupe de toutes les transformations globales appartenant à* Γ *est un groupe de Lie* $\mathcal{G}$ *et dim* $\mathcal{G} \leq$ *dim* Γ.

8. APPLICATIONS AUX G-STRUCTURES [21].

Rappelons que sur une variété V_n une G-structure ou structure infitésimale régulière du 1er ordre [13],[8],[18],[19] est une structure fibrée subordonnée à la structure fibrée $T(V_n, R^n, L_n^1, H)$ de la variété des vecteurs tangents à V_n (cf.§5); cette structure fibrée subordonnée a pour symbole $T(V_n, R^n, G, H')$ où G, sous groupe de $L_n^1 = GL(n,R)$ est supposé être un groupe de Lie; la variété $H'(V_n)$ sera appelé variété des repères distingués pour la G-structure; la variété des corèperes distingués sera désignée par $H'^*(V_n)$. Par exemple si G est le groupe orthogonal O_n on a les structures riemanniennes (C.Ehresmann et N.Steenrod ont montré qu'il existe toujours de telles structures sur V_n); si n = 2p, les structures correspondant à G = $GL(p,C)$ et G = U_p (groupe unitaire) sont respectivement les structures presque complexes et presque hermitiennes; sur une variété V_{2p} il n'existe pas toujours de telles G-structures (par exemple la sphère S_{2p} n'en admet pas si $p \neq 1$ ou $p \neq 3$).

Soit une variété V_n une G-structure σ ; dans un ouvert $U \subset V_n$ tel que $p^{-1}(U)$ soit homéomorphe à $U \times G$ (p désignant la projection canonique de $H'(V_n)$ sur V_n), la structure σ est définie par une forme différentielle ω c'est-à-dire une section locale : $x \to h_x^{-1}$ de $H'^*(V_n)$ au dessus de U; ω est la suite de n formes de Pfaff $\omega^1, \ldots, \omega^n$ linéairement indépendantes dont la restriction à chaque $x \in U$ définit le corèpere distingué h_x^{-1}.

L'application transposée de p(cf.§5) fait correspondre à la forme ω la forme $\bar{\omega}(x, s)$ définie dans $p^{-1}(U)$: $\bar{\omega}$ est la suite $(\bar{\omega}^1, \ldots, \bar{\omega}^n)$ ou $\bar{\omega}^j = \Sigma s_i^j(x) \bar{\omega}^i$, les $s_i^j(x)$ étant des fonctions différentiables de x, définissant en chaque point de U une matrice appartenant à G.

P.Libermann

Une G-structure est dite <u>intégrable</u> si au voisinage de to.. point de V_n elle peut être définie par la forme $\omega = dx = (dx^1,..$ $..,dx^n)$; par exemple les structures riemanniennes intégrables sont les structures localement euclidiennes; les structures presque complexes intégrables sont les structures complexes (définies localement par $dz^1,...,dz^n$ où les z^j sont des fonctions à valeurs complexes).

Une <u>connexion infinitésimale vectorielle</u> associée à une G-structure sur V_n est définie par un champ différentiable de n-éléments de contact dans $T(V_n,R^n,G,H')$ transversal aux fibres (cf.C.Ehresmann[12]); comme G est un groupe de Lie, il existe toujours des connexions infinitésimales associées à une G-structure; une telle connexion peut encore être définie par une application π de l'espace $T(H')$ des vecteurs tangents à $H'(V_n)$ dans $T_e(G)$ (espace tangent en e à la variété du groupe G). Localement π est définie par des formes ω^i_j à valeurs dans L(G) (Algèbre de Lie de G). A la connexion vectorielle, correspond une <u>connexion affine</u> définie par une application π' de $T(H')$ dans $T_e(\mathcal{G})$ (où $\mathcal{G}$ est le groupe affine dont G est le plus grand sous-groupe laissant fixe O) Cette connexion affine peut être définie par l'ensemble des formes ω^i et ω^i_j; elle peut être également définie par l'ensemble des $\bar\omega^k = \Sigma s^k_i \omega^i$ et

$$(13) \qquad \bar\omega^k_\ell = \sum_{i,j} (s^k_i dt^i_\ell + s^k_i t^j_\ell \omega^i_j) \qquad (k,\ell = 1,..,n)$$

où t est la matrice inverse de s . Voir à ce sujet [7],[18],[22].

L'ensemble des formes Ω^i définies par :

$$(14) \qquad \Omega^i = d\omega^i - \Sigma\omega^j \wedge \omega^i_j \qquad (i = 1,...,n)$$

définit la <u>torsion</u> de la connexion; aux formes $\bar\omega^k = \Sigma s^h_i \omega^i$ correspondent les formes $\tilde\Omega^k = d\bar\omega^k - \Sigma\bar\omega^\ell \wedge \bar\omega^k_\ell = \Sigma s^k_i \Omega^i$; donc les fonctions

P.Libermann

T^i_{jk} définies par $\Omega^i = \Sigma \, T^i_{jk} \omega^j \wedge \omega^h$ déterminent en chaque point u.

tenseur appelé <u>tenseur de torsion</u>.

On définit de même les formes de <u>courbure</u> et le tenseur de

courbure par

$$(15) \qquad \begin{aligned} \Omega^i_j &= d\omega^i_j - \Sigma \omega^h_j \wedge \omega^i_h \, , \\ \Omega^i_j &= \Sigma R^i_{jha} \omega^h \wedge \omega^a \end{aligned} \qquad (i,j = 1,\ldots,n)$$

Par différentiation des équations (13) et (14) on obtient

les équations suivantes qui généralisent les identités de Bian-

chi :

$$d\Omega^i + \Sigma \Omega^j \wedge \omega^i_j - \Sigma \omega^j \wedge \Omega^i_j = 0$$

$$(16) \qquad\qquad\qquad\qquad\qquad\qquad\qquad (i,j = 1,\ldots,n).$$

$$d\Omega^i_j + \Sigma \Omega^k_j \wedge \omega^i_k - \Sigma \omega^k_j \wedge \Omega^i_k = 0$$

Considérons les formes : $\Sigma \Omega^i_j, \Sigma(\Omega^j_i \wedge \Omega^i_j - \Omega^i_i \wedge \Omega^j_j), \ldots$, de degré

2,4,...; elle sont invariantes par les changements de corepères

et par suite sont définies <u>globalement</u> sur V_n; des équations (16)

il résulte qu'elles sont fermées et définissent par conséquent

des classes de cohomologie.

A.Weyl a montré que *ces classes de cohomologie sont indé-*

pendantes de la connexion affine associée à la G-structure; on

obtient ainsi les classes caractéristiques de S.Chern dans le

cas hermitien.

On désignera par <u>automorphisme infinitésimal local</u> d'une

G-structure une t.i.l. X (cf.§7) définissant un noyau de groupe

de transformations f_t qui soient des automorphismes locaux de

la G-structure; pour qu'il en soit ainsi, il faut et il suffit

que la restriction à $H'^*(V_n)$ (ensemble corepères distingués)

du relèvement de X dans l'espace $H^*(V_n)$ de tous les corepères

soit un champ local de vecteurs tangents à $H'^*(V_n)$. Dans un ouvert

U tel que $H'^*(V_n)$ soit homémorphe à U $\times$ G, la G-structure peut

être définie par une forme $\omega = (\omega^1,\ldots,\omega^n)$; les f_t doivent tran-

P. Libermann

sformer les ω^j en $\omega^j_{(t)} = \Sigma s^j_k(x,t)\omega^k$ où la matrice s^j_k définit

un élément de G. Donc la dérivée de Lie (cf. §6) $\theta(X)\omega^j$, égale

par définition à : $\lim_{t \to o} \frac{1}{t}(\omega^j_{(t)} - \omega^j)$ doit être égale d'autre part

à $\Sigma u^j_k(x)\omega^k$ où la matrice $u^j_k(x) = \lim_{t \to o} \frac{1}{t}(s^j_k(x,t) - s^j_k(x,o))$ appar-

tient à l'algèbre de Lie L(G) [9]. On vérifie que l'ensemble des

X satisfaisant cette condition est un pseudogroupe infinitési-

mal. D'où :

THEOREME 3.

Etant donnée, sur une variété V_n, une G-structure σ, dé-

finie dans un ouvert $U \subset V_n$ par la forme $\omega = (\omega^1, \ldots, \omega^n)$ pour

qu'une t.i.l. X, de source $U' \subset U$ appartienne au pseudogroupe in-

finitésimal, ensemble des automorphismes infinitésimaux locaux de

σ, il faut et il suffit que les dérivées de Lie $\theta(X)\omega^j$ vérifient les
conditions

(17) $\qquad \theta(X)\omega^j = \Sigma u^i_j(x)\omega^j$

où les u^i_j définissent en chaque point une matrice appartenant à

l'algèbre de Lie L(G).

On en déduit l'algèbre de Lie $\mathcal{L}$ des automorphismes infini-

tésimaux globaux de la G-structure, ce qui généralise la notion

de *champ de vecteurs de Killing* : ces champs ont été définis et

déterminés pour les structures riemanniennes et kohlériennes; les

conditions classiques pour ces champs peuvent se retrouver comme

cas particulier du théorème 3.

Supposons la G-structure intégrable, définie localement par

la forme $dx = (dx^1, \ldots, dx^n)$. On a alors : $\theta(X)dx^j = di(X)dx^j = $

$\Sigma \frac{\partial X^j}{\partial x^k} dx^k$ et les conditions (17) deviennent : $\Sigma \frac{\partial X^j}{\partial x^k} dx^k = \Sigma u^j_k dx^k$

d'où :

THEOREME 3a.

Si la G-structure σ est intégrable, définie localement par

P.Libermann

$dx = (dx^1,...,dx^n)$, *pour que* X (*de composantes* $X^1,...,X^n$) *soit un automorphisme infinitésimal local de* σ *il faut et il suffit que la matrice* $\dfrac{\partial X^j}{\partial x^k}$ *définisse en chaque point un élément de* L(G).

Les $\dfrac{\partial X^j}{\partial x^k}$ vérifient donc un système Σ d'quations linéaires, homogènes à coefficients constants définissant L(G) comme sous-espace vectoriel de l'algèbre de Lie de toutes les n x n matrices:

$$(18) \qquad \sum \rho_k^{aj} \frac{\partial X^j}{\partial x^k} = 0 \qquad (a = 1,...,n^2-p, \text{ où } p = \dim.G).$$

Les ρ_k^{aj} doivent être tels que si deux matrices a et b véri-fient (18), il en est de même de leur crochet c = ab - ba.

L'ensemble des solutions du système Σ (considéré comme sy-stème d'équations aux dérivées partielles) définit localement le pseudogroupe infinitésimal E, ensemble des automorphismes infi-nitésimaux de la G-structure intégrable. L'espace $J^q(E)$ (of.§7) est défini localement par le prolongement Σ_q d'ordre q du systè-me Σ ; dans Σ_q , les dérivées d'ordre s(s ≤ q) s'expriment en fonction de certaines dérivées de même ordre. Donc pour que E soit de type fini, il faut et il suffit qu'il existe un nombre r tel que les dérivées d'ordre r du système Σ_r s'annulent. Dans ce cas nous dirons que le *groupe* G *est de type fini, de degré* r. Dans le cas contraire G sera dit de *type infini* : dans ce dernier cas,le faisceau d'algèbres de Lie $J^\lambda(E)$ défini dans §7 est un faisceau d'algèbres de Lie de *dimension infinie*.

Exemples :

1) Si G est le groupe orthogonal, le système Σ s'écrit :

$$\frac{\partial X^j}{\partial x^k} + \frac{\partial X^k}{\partial x^j} = 0$$

d'où $\dfrac{\partial^2 X^j}{\partial x^k \partial x^l} = 0$ et O_n est de degré 2. Il en est de même du groupe unitaire.

2) Si n = 2m et G = GL(m,C), on a les structures complexes. Le système s'écrit : $\frac{\partial Z^j}{\partial \bar{z}^k} = 0$,

et les composantes du champ de vecteurs doivent être des fonctions a-nalytiques complexes; l'on retrouve le résultat de S.Bochner [2]; le groupe G est alors de type infini; en chaque point l'algèbre de Lie $J_x^\lambda(E)$ est de dimension infinie. Par contre si l'on se bor-ne aux automorphismes infinitésimaux globaux, S.Bochner a mon-tré qu'ils formaient une algèbre de Lie de dimension finie quand la variété V_n est compacte.

3) Si n = 2m et G est le groupe symplectique, la G-structure in-tégrable est une structure symplectique c'est-à-dire définie par una forme différentielle extérieure Ω , partout de rang 2m, et telle que dΩ = 0. J'ai montré par d'autres méthodes [20] que la dualité par rapport à Ω transforme l'ensemble des automorphismes infinitésimaux en l'ensemble des formes de Pfaff fermées. Donc même si la variété est compacte, lalgèbre de Lie des automorphi-smes infinitésimaux globaux est de dimension infinie.

Nous nous intéresserons en particulier aux G-structures pour lesquelles G est de degré 2. En effet nous allons démontrer le théorème :

THEOREME 4.

Pour que toutes les connexions affines associées à une G-structure (non nécessairement intégrable) et ayant même torsion coïncident, il faut et il suffit que G soit de degré 2.

Considérons en effet sur une variété V_n une G-structure et une connexion affine associée; localement cette connexion est définie par l'ensemble de formes ω^j et ω_k^j ; les ω_k^j étant à valeurs dans l'algèbre de Lie $L(G)$ vérifient les relations (18) :

$\Sigma \rho_k^{aj} \omega_k^j = 0$. La torsion étant définie par les formes

$$\Omega^j = d\omega^j - \Sigma \omega^k \wedge \omega_k^j,$$

toute connexion affine ayant même torsion définie localement par l'ensemble des ω^j et $\theta_k^j = \omega_k^j + \Sigma \lambda_{kl}^j \omega^l$, avec $\Sigma \rho_k^{aj} = 0$ ($a = 1, ..$

., n^2-p ; $l = 1,...,n$) et $\lambda_{kl}^j = \lambda_{lk}^j$ car la condition

$\Sigma \lambda_{kl}^j \omega^l \wedge \omega^k = 0$ entraîne là symétrie des indices inférieurs.Donc la co

dition imposée est équivalente à la suivante : Σ admet un prolon-

gement du 2e ordre tel que toutes les dérivées secondes soient

nulles. Donc G est de degré 2.

Par exemple, pour les structures presque quaternioniennes

le choix de la torsion détermine la connexion affine [18], donc

le groupe linéaire quaternionien est de degré 2 et le *pseudogrou-*

pe des automorphismes locaux des structures intégrables (c'est-

à-dire quaternioniennes) est formé de transformations affines.

COROLLAIRE DU THEOREME 4.

Si le choix de la torsion détermine la connexion affine as-

*sociée à une G-structure, il en est de même pour toute G'-stru_*

cture telle que G' soit un sous-groupe de G :

En effet l'algèbre de Lie $L(G') \subset L(G)$; dans le système dé-

finissant $L(G')$ les dérivées secondes sont nulles.

Cette propriété avait été démontrée pour $G = O_n$ par C.Ehre-

smann et S.Chern.

THEOREME 5.

Pour que G soit de degré 2, il faut que : dim $G \leq \frac{n(n-1)}{2}$.

En effet $L(G)$ est définie par les équations (18) dont le rang

est n^2-p. Par suite si τ est le rang du système

$$(19) \qquad \Sigma \rho_k^{aj} \frac{\partial^2 x^j}{\partial x^h \partial x^l} = 0 ,$$

P.Libermann

considéré comme système linéaire, on a : $\tau \leq n(n^2-p)$. Or les

$\dfrac{\partial^2 x^j}{\partial x^h \partial x^l}$ (vérifiant $\dfrac{\partial^2 x^j}{\partial x^l \partial x^h} = \dfrac{\partial^2 x^j}{\partial x^h \partial x^l}$) sont au nombre de $\dfrac{n^2(n+1)}{2}$

Donc si le système (19) n'admet que des solutions nulles, on a :

$\tau \geq \dfrac{n^2(n+1)}{2}$, d'où : $(n^2-p)n \geq \dfrac{n^2(n+1)}{2}$ et $p \leq \dfrac{n(n-1)}{2}$.

Il est à remarquer que la condition indiquée n'est pas suffisante; par exemple le groupe G, sous-groupe de GL(2m,R), reproduisant une forme d'Hermite $z^1\bar{z}^1 + \ldots + z^m\bar{z}^m$ à un facteur réel près est un groupe de degré 3; or sa dimension p est égale à $m^2 + 1$ et $p < \dfrac{2m(2m-1)}{2}$ si $m > 1$.

COROLLAIRE DU THEOREME 5.

Tout sous-groupe de degré 2 *de* GL(n,R) *contenant le groupe orthogonal* O_n *coïncide avec* O_n.

Ce corollaire s'applique également au groupe O_n^k laissant invariante une forme quadratique de rang n, de signature k, car O_n^k a aussi pour dimension $\dfrac{n(n-1)}{2}$. E.Cartan et H.Weyl ont d'autre part montré que les seuls groupes G tels que l'on puisse associer à une G-structure quelconque une connexion unique sans torsion sont les groupes O_n^k ($o \leq k \leq n$).

Soit sur une variété V_n une G-structure non intégrable, définie dans un ouvert U par la forme $\omega = (\omega^1, \ldots, \omega^n)$. Soit X une t.i.l. dont la source est contenu dans U ; on peut montrer que le jet $j_x^2 X$ peut être défini par ses "composantes Pfaffiennes" $\dot{x}^j = i(X)\omega^j$, $\dot{x}_k^j$ et $\dot{x}_{kl}^j$ telles que :

$$d\dot{x}^j = \Sigma \dot{x}_k^j \omega^k , \quad d\dot{x}_k^j = \Sigma \dot{x}_{kl}^j \omega^l ,$$

Si l'on pose

$$d\omega^j = \Sigma A_{kl}^j \omega^k \wedge \omega^l \quad \text{avec} \quad A_{kl}^j + A_{lk}^j = 0$$

(ce qui revient à prendre une connexion à courbure nulle), on a :

$$(20) \qquad \theta(X)\omega^j = \Sigma(\dot{X}^j_k + 2A^j_{kl}\dot{X}^l)\omega^k$$

et les équations (17) s'écrivent :

$$(21) \qquad \Sigma\rho^{aj}_k(\dot{X}^j_k + 2A^j_{kl}\dot{X}^l) = 0 .$$

Les conditions d'intégrabilité de ce système (exprimant que les formes $d\dot{X}^j$ et $d\dot{X}^j_k$ sont des différentielles exactes) s'expriment au moyen d'un système $\mathcal{G}$ d'équations linéaires par rapport aux $\dot{X}^j_{kl}$, dont le système homogène associé est le système (18). Donc si G est de degré 2, ou bien $\mathcal{G}$ est un système de Cramer, ou bien on introduit de nouvelles conditions de comptabilité; mais de toute façon les $\dot{X}^j_{kl}$ s'expriment en fonction des $\dot{X}^j$ et $\dot{X}^j_k$; donc l'ensemble E des automorphismes infinitésimaux locaux de la G-structure est un pseudogroupe infinitésimal de degré 2. On en déduit en utilisant les théorèmes 2 et 4, le théorème suivant (démontré autrement par C.Ehresmann [16]).

THEOREME 6.

Le pseudogroupe Γ des automorphismes locaux de toute G-structure telle que le choix de la torsion détermine la connexion affine associée est un pseudogroupe de type fini. de degré $\leq$ 2 et par suite le plus grand groupe $\mathcal{G}$ contenu dans Γ est un groupe de Lie dont la dimension est inférieure ou égale à n + dim G.

Ce théorème qui ne suppose pas la variété V_n compacte ni même complète (c'est-à-dire telle que tout champ global de vecteurs soit intégrable) comporte comme cas particuliers. un certain nombre de résultats classiques en géométrie différentielle; par exemple si G $=$ O$_n$, on a les résultats de Myers et Steenrod [23]; de même ce théorème permet de montrer que le groupe des automorphismes d'une structure presque hermitienne, presque quaternionienne etc. est un groupe de Lie. Le même type de raisonnement permet de démontrer que le groupe des automorphismes de toute

70

G-structure pour laquelle G est de type fini est un groupe de Lie.

On peut retrouver également les résultats de Kobayashi[17]: si G = e, on a un parallélisme absolu défini par n champs de vecteurs linéairement indépendants en chaque point $X_{(1)}, \ldots, X_{(n)}$; un automorphisme infinitésimal local Y de la structure est défini par .

$$[X_{(i)}, Y] = 0 \qquad (i = 1, \ldots, n) \qquad \text{c'est-à-dire :}$$

(22)
$$\sum_j (Y^j \frac{\partial X^k_{(i)}}{\partial x^j} - X^j_{(i)} \frac{\partial Y^k}{\partial x^j}) = 0 \qquad (i, k = 1, \ldots, n).$$

Comme les $X_{(i)}$ sont linéairement indépendants, le rang de ce système considéré comme linéaire en $\frac{\partial Y^k}{\partial x^j}$ est n : les $\frac{\partial Y^k}{\partial x^j}$ s'expriment en fonction des Y^j; on a donc un pseudogroupe Γ de degré 1 et le plus grand groupe $\mathcal{G}$ contenu dans Γ est un groupe de transformation sans points fixes (donc dim $\mathcal{G} \leq n$).

La donnée d'une connexion affine sur V_n définit un parallélisme sur la variété des repères, on en déduit le théorème de Nomizu [24]: le groupe des automorphismes d'une connexion affine est un groupe de Lie.

BIBLIOGRAPHIE

[1]   C.B.ALLENDOERFER - C.I.M.E. 1958

[2]   S.BOCHNER - Proc.Int.Cong. 1950

[3]   N.BOURBAKI - Algèbre III - Paris, Hermann

[4]   E.CARTAN - "Leçons sur les invariants intégraux", Paris
        Hermann 1922

[5]   H.CARTAN - Colloq. Topologie-Bruxelles 1950, p.15-28.

[6]   H.CARTAN - Séminaire de l'E.N.S. 1950-51 (Miméographié)

[7]   S.CHERN - "Topics in differential geometry" Inst.Adv.Stu-
        dy, Princeton 1951 (Miméographié)

[8]   S.CHERN - Colloq.Int C.N.R.S. Géom.Diff.Strasbourg 1953,
        p.119-136

[9]   C.CHEVALLEY - "Theory of Lie groups" Princeton Universi-
        ty Press, 1946

[10] P.DEDECKER - Thèse, Mémoire Soc.Roy. des Sciences,Liège
        t.XIX, 1957

[11] C.EHRESMANN - Colloq.Int. C.N.R.S. Top.Alg.Paris, 1947,
        p.29-55

[12] C.EHRESMANN - Colloq.Topologie, Bruxelles, 1950 p.29-55

[13] C.EHRESMANN - C.R.Acad.Sc.Paris,t.233,1951, p.598,777,
        1081;t.234, 1952, p.587

[14] C.EHRESMANN - "Structures locales" Rio de Janeiro, 1952
        (Miméographie) Annali di Matematica, 1954
        t.36,p.133-142.

[15] C.EHRESMANN - Colloq.Int.C.N.R.S. Géom.Diff.Strasbourg,
        1953,p.97-110

[16] C.EHRESMANN - C.R.Acad.Sc. Paris,t.246,1958,p.360-362

[17] S.KOBAYASHI - Colloq.Top.Strasbourg, 1954-1955(Miméographié)

[18] P.LIBERMANN - Thèse.Strasbourg 1953, Annali di Matematica,
        36,1954

[19] P.LIBERMANN - Bull.Soc.Math.France, 83,1955 p.195-224

[20] P.LIBERMANN - C.R.Acad.Sc.Paris, t.242,1956,p.1114.

[21] P.LIBERMANN - C.R.Acad.Sc.Paris,t.246,1958,p.4,531,1365

P.Libermann

[22]   A.LICHNEROWICZ - "Théorie globale des connexions et groupes d'ho-
            lonomie",Roma, Edizioni Cremonese,1956

[23]   S.MYERS and N.STEENROD - Annals of Math. Vol.40,1939,p.400

[24]   K.NOMIZU - Proc.Amer.Math.Soc. vol.4,1953, p.816

[25]   R.PALAIS - Mem.Amer.Math.Soc.,22,1956

[26]   N.STEENROD - "The topology of fibre bundles" Princeton U-
            niversity Press, 1951

[27]   K.YANO - "The theory of Lie derivatives" Amsterdam, 1958